1　はじめに

量子力学的古典力学とはいささか奇妙なタイトルであるが、ここで考えているのは、量子力学の理論体系で古典力学の結果を求めてみようということである。その趣旨は、量子力学と古典力学との関係を整理することで、量子力学をより深く理解することにある。

初めに、古典力学を解析力学の形式に変えて行くところから始める。とは言っても、解析力学を詳細に解説するつもりはない。かなり大雑把なやり方で解析力学の形式を求めている。次に、行列形式の量子力学を扱う。その上で、量子力学での運動方程式を求める。更に、1 次元調和振動子の固有値方程式を解く。最後に、量子力学で解いた 1 次元調和振動子の解から、マクロのバネの振動の式を求めることにする。

2　ニュートン力学から解析力学へ

ニュートン力学での質点の運動方程式は、以下の式である。

$$ma_i = F_i.$$

ここで m は質点の質量、a_i は加速度、F_i は質点に作用している力を表す。この式は、質点の運動量 P_i を使って、次のように書き表すことができる。

$$\frac{dP_i}{dt} = F_i. \tag{1}$$

ここで、表記法について説明しておく。本書では非相対論的な扱いをするので、ここで出てくるベクトルは全て 3 次元ベクトルである。したがって、上記で記載している添字 i は 1〜3 を表す。また、直交座標系で考えるので、反変ベクトルと共変ベクトルは区別しないで使うことにする。

式 (1) の右辺の力 F_i は、スカラーポテンシャル V を使って、次のように書ける（本書では、ポテンシャルはスカラーのみ扱う）。

$$F_i = -\frac{\partial V}{\partial x_i}.$$

したがって式 (1) は、

$$\frac{dP_i}{dt} = -\frac{\partial V}{\partial x_i}. \tag{2}$$

次に、x_i の時間微分を見てみよう。運動量の定義から、

$$\frac{dx_i}{dt} = \frac{P_i}{m} \tag{3}$$

であるが、この式の右辺は、運動エネルギー T を使って、

$$\frac{P_i}{m} = \frac{\partial T}{\partial P_i}$$

と形式的に書ける。ここで T は

$$T = \frac{1}{2m}\left((P_1)^2 + (P_2)^2 + (P_3)^2\right)$$

である。したがって、x_i の時間微分は以下のようになる。

$$\frac{dx_i}{dt} = \frac{\partial T}{\partial P_i}. \tag{4}$$

ここで、ハミルトニアン H として T と V を足したものを考える。

$$H = T + V.$$

そうすると、式 (2) と (4) は次のようになる。

$$\frac{dP_i}{dt} = -\frac{\partial H}{\partial x_i}, \tag{5}$$

$$\frac{dx_i}{dt} = \frac{\partial H}{\partial P_i}. \tag{6}$$

この式は、P_i と x_i の時間微分の式を H から求めることができることを表している。それでは、もっと一般的な物理量の時間微分はどうなるかを見てみよう。今、物理量 A は、x_i と P_i 及び時間 t の関数だとする。そうすると、A の時間微分は、微分の規則から、

$$\frac{dA}{dt} = \frac{\partial A}{\partial t} + \frac{\partial A}{\partial x_i}\frac{dx_i}{dt} + \frac{\partial A}{\partial P_i}\frac{dP_i}{dt}$$

となる。なお、右辺の微分で添字 i を持つものは 1〜3 までの和を取るが、記載が煩雑になるので和の記号は省略してある。

上記の式の右辺にある dx_i/dt、dP_i/dt を式 (5) と (6) を使って書き換えると、

$$\frac{dA}{dt} = \frac{\partial A}{\partial t} + \frac{\partial A}{\partial x_i}\frac{\partial H}{\partial P_i} - \frac{\partial A}{\partial P_i}\frac{\partial H}{\partial x_i}$$

となる。今、この式の右辺の第 2 項以降を、次式で定義するポアソン括弧で表すことにする。

$$\{A, B\} = \frac{\partial A}{\partial x_i}\frac{\partial B}{\partial P_i} - \frac{\partial B}{\partial x_i}\frac{\partial A}{\partial P_i}. \tag{7}$$

そうすると、A の時間微分は次のようになる。

$$\frac{dA}{dt} = \frac{\partial A}{\partial t} + \{A, H\}. \tag{8}$$

これが古典力学での運動方程式となる。

当然のことながら、A として P_i、x_i を入れれば、式 (2) 及び (3) が得られる。

$$\frac{dP_i}{dt} = \{P_i, H\} = \frac{\partial P_i}{\partial x_i}\frac{\partial H}{\partial P_i} - \frac{\partial H}{\partial x_i}\frac{\partial P_i}{\partial P_i} = -\frac{\partial V}{\partial x_i}, \tag{9}$$

$$\frac{dx_i}{dt} = \{x_i, H\} = \frac{\partial x_i}{\partial x_i}\frac{\partial H}{\partial P_i} - \frac{\partial H}{\partial x_i}\frac{\partial x_i}{\partial P_i} = \frac{P_i}{m}. \tag{10}$$

さて、ポアソン括弧は次の関係式を満たす。

$$\{A, B\} = -\{B, A\}, \tag{11}$$

$$\{aA, B\} = a\{A, B\}, \tag{12}$$

$$\{A, BC\} = \{A, B\}C + B\{A, C\}. \tag{13}$$

ここで、A, B は x_i と P_i の関数、a は定数である。また、x_i と P_i についてのポアソン括弧は次のようになる。

$$\{x_i, P_j\} = \delta_{ij}.$$

式 (11) から (13) の関係式は、式 (7) に入れれば容易に確認できる。例えば、式 (13) についてみてみよう。

$$\begin{aligned}
\{A, BC\} &= \frac{\partial A}{\partial x_i}\frac{\partial (BC)}{\partial P_i} - \frac{\partial (BC)}{\partial x_i}\frac{\partial A}{\partial P_i} \\
&= \frac{\partial A}{\partial x_i}\left(\frac{\partial B}{\partial P_i}C + B\frac{\partial C}{\partial P_i}\right) - \left(\frac{\partial B}{\partial x_i}C + B\frac{\partial C}{\partial x_i}\right)\frac{\partial A}{\partial P_i} \\
&= \frac{\partial A}{\partial x_i}\frac{\partial B}{\partial P_i}C + \frac{\partial A}{\partial x_i}B\frac{\partial C}{\partial P_i} - \frac{\partial B}{\partial x_i}C\frac{\partial A}{\partial P_i} - B\frac{\partial C}{\partial x_i}\frac{\partial A}{\partial P_i} \\
&= \frac{\partial A}{\partial x_i}\frac{\partial B}{\partial P_i}C - \frac{\partial B}{\partial x_i}C\frac{\partial A}{\partial P_i} + \frac{\partial A}{\partial x_i}B\frac{\partial C}{\partial P_i} - B\frac{\partial C}{\partial x_i}\frac{\partial A}{\partial P_i} \\
&= \left(\frac{\partial A}{\partial x_i}\frac{\partial B}{\partial P_i} - \frac{\partial B}{\partial x_i}\frac{\partial A}{\partial P_i}\right)C + B\left(\frac{\partial A}{\partial x_i}\frac{\partial C}{\partial P_i} - \frac{\partial C}{\partial x_i}\frac{\partial A}{\partial P_i}\right) \\
&= \{A, B\}\,C + B\,\{A, C\}\,.
\end{aligned}$$

これらの関係式が分かっていれば、式 (7) の定義を知らなくとも、ポアソン括弧の計算ができるようになる。例えば、$A = (x_1)^2$ として式 (8) を計算してみよう。まず、ポアソン括弧の関係式を使わないで計算する。

$$\frac{d}{dt}(x_1)^2 = \frac{\partial}{\partial x_i}(x_1)^2\frac{\partial H}{\partial P_i} - \frac{\partial}{\partial P_i}(x_1)^2\frac{\partial H}{\partial x_i} = 2x_1\frac{\partial H}{\partial P_1} = 2x_1\frac{P_1}{m}.$$

次に、ポアソン括弧の関係式を使って計算してみる。

$$\frac{d}{dt}(x_1)^2 = \left\{(x_1)^2, H\right\} = x_1\,\{x_1, H\} + \{x_1, H\}\,x_1.$$

ここで、$\{x_1, H\}$ を計算すると、

$$\begin{aligned}
\{x_1, H\} &= \left\{x_1, \frac{(P_1)^2 + (P_2)^2 + (P_3)^2}{2m} + V\right\} = \left\{x_1, \frac{1}{2m}(P_1)^2\right\} \\
&= \frac{1}{2m}\left\{x_1, (P_1)^2\right\} = \frac{1}{2m}P_1\,\{x_1, P_1\} + \frac{1}{2m}\,\{x_1, P_1\}\,P_1.
\end{aligned}$$

$\{x_1, P_1\} = 1$ であるから、

$$\{x_1, H\} = \frac{1}{2m}P_1 + \frac{1}{2m}P_1 = \frac{P_1}{m}.$$

したがって、

$$\frac{d}{dt}(x_1)^2 = x_1\frac{P_1}{m} + \frac{P_1}{m}x_1 = 2x_1\frac{P_1}{m}.$$

これは、ポアソン括弧の関係式を使わない計算と同じである。

当然と言えば当然なのだが、直接 $(x_1)^2$ を時間微分しても同じ結果が得られる。すなわち、

$$\frac{d}{dt}(x_1)^2 = 2x_1\frac{dx_1}{dt} = 2x_1\frac{P_1}{m}.$$

単に $(x_1)^2$ の時間微分を求めるだけなら、ポアソン括弧の関係式を使った計算は手間がかかるだけで使い道はないように思われるが、少なくともこれから示そうとしている量子力学との関連では、このポアソン括弧が非常に重要なものとなる。なぜなら、ポアソン括弧が満たす関係式が量子力学につながるからである。

なお、ここで使ったハミルトニアンは、本来はラグランジアンから求められるものであるが、本書での議論ではラグランジアンは出てこないので省いてある。ちゃんとした議論は、解析力学の教科書で勉強することを勧める。

3　量子力学の行列形式

ここからは量子力学の話となる。量子力学の特徴として、物理量は演算子として扱われることが挙げられる。古典力学でも物理量を演算子にしてもよいのだが、その場合、全ての物理量は可換（$AB = BA$ となること）となるため、演算子として扱う意味がない。量子力学では、扱う物理量が非可換であることが最大の特徴と言える。演算子としての物理量を理解するために、演算子として行列を使った形式で量子力学を論じていく。初めに、行列を使った固有値方程式の説明から始める。

3.1　固有値方程式

A を n 行 n 列の行列とする。その時、以下の式を固有値方程式という。

$$A\,u_i = a\,u_i. \tag{14}$$

ここで、u_i は n 行 1 列のベクトル、a はただの数である。u_i を固有ベクトル、a を固有値という。要素を使って書くと以下のようになる。

$$\begin{pmatrix} A_{11} & A_{12} & \cdots & A_{1n} \\ A_{21} & A_{22} & \cdots & A_{2n} \\ \vdots & \vdots & & \vdots \\ A_{n1} & A_{n2} & \cdots & A_{nn} \end{pmatrix} \begin{pmatrix} u_1 \\ u_2 \\ \vdots \\ u_n \end{pmatrix} = a \begin{pmatrix} u_1 \\ u_2 \\ \vdots \\ u_n \end{pmatrix}. \tag{15}$$

具体例を示そう。2 行 2 列の行列を考える。

$$\begin{pmatrix} 1 & 0 \\ 0 & -1 \end{pmatrix} \begin{pmatrix} 1 \\ 0 \end{pmatrix} = 1 \begin{pmatrix} 1 \\ 0 \end{pmatrix}. \tag{16}$$

ここで、$\binom{1}{0}$ が固有ベクトル、1 が固有値である。固有値であることを明記するため、あえて 1 を記載している。

この行列では、もう 1 つ、次の式も成り立つ。

$$\begin{pmatrix} 1 & 0 \\ 0 & -1 \end{pmatrix} \begin{pmatrix} 0 \\ 1 \end{pmatrix} = -1 \begin{pmatrix} 0 \\ 1 \end{pmatrix}. \tag{17}$$

この式では、固有値は -1 になっている。また、固有ベクトルも違うものになっている。この行列は、2 つの固有値と、それぞれに対応した固有ベクトルを持っている。一般に、n 行 n 列の行列は n 個の固有値を持っており、それぞれの固有値に対応した固有ベクトルを持つ。そこで、固有値と固有ベクトルを識別する文字 l を付けて、式 (14) を次のように書くことにする。

$$A\,u_i(l) = a_l\,u_i(l). \tag{18}$$

固有ベクトルを識別する文字 l を括弧で書いたのは、ベクトルの成分と間違えないようにするためである。

式 (16) と (17) の固有ベクトルは、その内積が 0 であるという特徴がある。ここでいう内積とは、通常のベクトルの内積のように各成分を掛けて足し合わせたものである。n 行 n 列の行列には n 個の固有ベクトルが存在するが、任意の 2 つの固有ベクトルの内積は 0 である。また、固有ベクトルの自分との内積は通常 1 となるように調整される。1 である必然性はないが、1 としておくと都合がよい。これらをまとめて書き表すと次のように書ける。

$$\sum_i u_i(l)\,u_i(m) = \delta_{lm}. \tag{19}$$

式 (16) の行列は対角型（対角成分のみが 0 でない）であったが、対角型でない行列の固有値方程式を示そう。

$$\begin{pmatrix} 0 & 1 \\ 1 & 0 \end{pmatrix} \begin{pmatrix} 1/\sqrt{2} \\ 1/\sqrt{2} \end{pmatrix} = 1 \begin{pmatrix} 1/\sqrt{2} \\ 1/\sqrt{2} \end{pmatrix}. \tag{20}$$

もう 1 つの式は以下となる。

$$\begin{pmatrix} 0 & 1 \\ 1 & 0 \end{pmatrix} \begin{pmatrix} 1/\sqrt{2} \\ -1/\sqrt{2} \end{pmatrix} = -1 \begin{pmatrix} 1/\sqrt{2} \\ -1/\sqrt{2} \end{pmatrix}. \tag{21}$$

この行列の固有値も 1 及び -1 であるが、固有ベクトルは全く違ったものになる。こちらの固有ベクトルも式 (19) を満足する。

これまでの行列は、その行列要素が実数であったが、量子力学で扱う数は基本的に複素数であるので、行列要素も複素数である。次の行列は、行列要素に虚数が含まれる。

$$\begin{pmatrix} 0 & -i \\ i & 0 \end{pmatrix} \begin{pmatrix} i/\sqrt{2} \\ -1/\sqrt{2} \end{pmatrix} = 1 \begin{pmatrix} i/\sqrt{2} \\ -1/\sqrt{2} \end{pmatrix}, \tag{22}$$

$$\begin{pmatrix} 0 & -i \\ i & 0 \end{pmatrix} \begin{pmatrix} -i/\sqrt{2} \\ -1/\sqrt{2} \end{pmatrix} = -1 \begin{pmatrix} -i/\sqrt{2} \\ -1/\sqrt{2} \end{pmatrix}. \tag{23}$$

この場合、固有ベクトルの成分にも虚数が入っている。そこで、内積の概念を修正して、一方は成分の共役複素数を取ることにする。そうすると式 (19) は次のように修正される。

$$\sum_i u_i^*(l)\,u_i(m) = \delta_{lm}. \tag{24}$$

ベクトルの表記には、後でもっと便利な表記を用いることにする。

上記で使った行列は量子力学では特に重要なもので、以下のような特別な記号が割り当てられている。

$$\sigma_x = \begin{pmatrix} 0 & 1 \\ 1 & 0 \end{pmatrix}, \quad \sigma_y = \begin{pmatrix} 0 & -i \\ i & 0 \end{pmatrix}, \quad \sigma_z = \begin{pmatrix} 1 & 0 \\ 0 & -1 \end{pmatrix}.$$

これらの行列はパウリのシグマ行列と呼ばれているもので、電子のスピンに関係した行列である。

上記で具体例として示した行列は 2 行 2 列であったが、一般的には無限行無限列の行列を扱う。

3.2 エルミート行列

式 (14) を要素で書くと、

$$A_{ij}\,u_j = a\,u_i. \tag{25}$$

j については和を取る。以下、同じ添字が現れた時は和を取るものとする。

ここで、A の行と列を入れ替えた行列 B を考えよう。つまり、$B_{ij} = A_{ji}$ である。この B は A の転置行列といわれ、$B = {}^{\mathrm{t}}\!A$ と書く。この B を使うと、式 (25) は、

$$B_{ji}\,u_j = a\,u_i.$$

u_j の行と列を入れ替えたものも転置行列と考えて ${}^{\mathrm{t}}u_j$ と書くと、

$${}^{\mathrm{t}}u_j\,B_{ji} = a\,{}^{\mathrm{t}}u_i. \tag{26}$$

これを行列を使って書くと、

$$(u_1, u_2, \cdots, u_n)\begin{pmatrix} B_{11} & B_{12} & \cdots & B_{1n} \\ B_{21} & B_{22} & \cdots & B_{2n} \\ \vdots & \vdots & & \vdots \\ B_{n1} & B_{n2} & \cdots & B_{nn} \end{pmatrix} = a(u_1, u_2, \cdots, u_n). \tag{27}$$

式 (27) は、式 (15) の固有値方程式と違い、ベクトルが左から掛けられている。あるいは、行列が右からベクトルに作用する、という言い方もする。式 (26) は、式 (25) の配置を変えただけなので、式 (25) が成り立てば式 (26) も成り立つ。更に式 (26) の両辺の共役複素数をとる。

$${}^{\mathrm{t}}u_j^*\,B_{ji}^* = a^*\,{}^{\mathrm{t}}u_i^*. \tag{28}$$

式 (28) も、式 (25) が成り立てば成り立つ。

さて、今度は式 (28) の右側にベクトル u_i を掛けよう。

$${}^{\mathrm{t}}u_j^*\,B_{ji}^*\,u_i = a^*\,{}^{\mathrm{t}}u_i^*\,u_i.$$

この式の右辺のベクトルの内積は、式 (24) から 1 となる。したがって、

$${}^{\mathrm{t}}u_j^*\,B_{ji}^*\,u_i = a^*.$$

i、j は和を取る添字なので、i と j を入れ替えてもよくて、

$${}^{\mathrm{t}}u_i^*\,B_{ij}^*\,u_j = a^*. \tag{29}$$

さて、ここで、B_{ij}^* を A_{ij} のエルミート共役な行列と定義し、$A^\dagger$ と表すことにする。つまり、$A^\dagger$ は A の行と列を入れ替えてその要素の複素共役をとったものである。この記号を使うと、式 (29) は、

$${}^{\mathrm{t}}u_i^*\,A_{ij}^\dagger\,u_j = a^*. \tag{30}$$

一方、式 (25) の左から ${}^{\mathrm{t}}u_i^*$ を掛けたものは、

$${}^{\mathrm{t}}u_i^*\,A_{ij}\,u_j = a\,{}^{\mathrm{t}}u_i^*\,u_i.$$

ここでも右辺のベクトルの内積は 1 となる。したがって、

$$ {}^{t}u_i^* \, A_{ij} \, u_j = a. \tag{31} $$

もし、$A^\dagger = A$ であるならば、式 (30) と (31) の左辺は同じものとなる。そうすると、$a^* = a$ となり、これは a が実数であることを表している。つまり、$A^\dagger = A$ であるならば、その固有値は実数であることになる。このような行列はエルミート行列といわれる。

ベクトルにもエルミート共役の概念を適用する。つまり、エルミート共役なベクトルは、行と列を入れ替えて、その要素の複素共役をとったものである。式 (28) の ${}^{t}u_j^*$ が u_i のエルミート共役となる。

3.3 固有値と固有ベクトルの物理的意味

量子力学では物理量は行列として扱うが、行列と、観測される値との間の対応付けがなされなければならない。そうすると考えられるのは、行列の固有値が、実際に観測される値に対応しているというものである。だがそれだけでは、固有値のどの値が実際に観測される値なのかは分からない。更に問題なのは、固有ベクトルは何なのか、ということである。はっきりしているのは、1 つの固有ベクトルは 1 つの固有値に対応している、ということである。そこで、次のように考える。物理量 A を観測したとき、観測されうる値はその固有値のいずれかであるが、実際に観測されるのはそのうちのどれかである。そして、その値が観測された状態を示すのが固有ベクトルである。つまり、固有値 a_l に対応して、その時の状態（その場の雰囲気というか状況のようなもの）が、$u(l)$ という記号で表される、というふうに考える。あくまで固有ベクトルは状態を表す記号であり、現実に観測されるものではない。逆に、その場の状態が $u(l)$ であれば、観測される値はその固有ベクトルに対応した固有値 a_l となる。

電子のスピンを観測することを考えてみよう。電子のスピン S_i は 3 次元ベクトルなので 3 つの成分を持ち、シグマ行列を使って次のように表わされる。

$$ S_x = \frac{1}{2}\hbar\,\sigma_x, \quad S_y = \frac{1}{2}\hbar\,\sigma_y, \quad S_z = \frac{1}{2}\hbar\,\sigma_z. $$

$\hbar = h/2\pi$ で、h はプランク定数である。

これらの固有ベクトルは、σ_x、σ_y、σ_z の固有ベクトルと同じである（式 (16)、(17)、(20)〜(23) を参照)。

今、スピンの z 成分を観測したとしよう。その結果、$S_z = +(1/2)\hbar$ だと分かったとする。そうしたとき、スピンに関する状態 ψ は、σ_z の固有値 $+1$ に対応する固有ベクトルの状態になっている、と考える。すなわち、

$$ \psi = \begin{pmatrix} 1 \\ 0 \end{pmatrix} $$

になっている。この状態でスピンの z 成分を観測すれば、再び、その状態ベクトルに対応する固有値 $S_z = +(1/2)\hbar$ が観測される。

それでは、この状態で、スピンの x 成分を観測したら何が得られるであろうか。S_x の固有ベクトルは

$$ \begin{pmatrix} 1/\sqrt{2} \\ 1/\sqrt{2} \end{pmatrix} \text{ 及び } \begin{pmatrix} 1/\sqrt{2} \\ -1/\sqrt{2} \end{pmatrix} $$

である。これらは $\binom{1}{0}$ とは違うものだが、幸いなことに、ψ を S_x の固有ベクトルを使って書き表すことができる。具体的には次の式となる。

$$\begin{pmatrix} 1 \\ 0 \end{pmatrix} = \frac{1}{\sqrt{2}} \begin{pmatrix} 1/\sqrt{2} \\ 1/\sqrt{2} \end{pmatrix} + \frac{1}{\sqrt{2}} \begin{pmatrix} 1/\sqrt{2} \\ -1/\sqrt{2} \end{pmatrix}. \tag{32}$$

すなわち、ψ は S_x の固有値 $+(1/2)\hbar$ と $-(1/2)\hbar$ の両方の状態が足し合わされたものになっている。式 (32) を素直に解釈するなら、ψ の状態で S_x を観測すると、$+(1/2)\hbar$ か $-(1/2)\hbar$ が観測される、ということになる。それぞれの固有ベクトルの前の係数が共に $1/\sqrt{2}$ なので、どちらが観測されるのかの可能性は同じ、すなわち、同じ確率と考えられる。

さて、ここで、S_x の固有ベクトルを、$u(1)$、$u(2)$ と書くことにしよう。また、式 (32) の固有ベクトルの前の係数を c_1、c_2 と書くことにしよう。そうすると式 (32) は、

$$\psi = c_1\, u(1) + c_2\, u(2) \tag{33}$$

と書ける。電子のスピンの場合は固有ベクトルは 2 つしかないが、普通はもっとたくさん固有ベクトルを持っている。多くの場合、固有ベクトルの数は無限個である。そこでもっと一般的に書くと、式 (33) は次のようになる。

$$\psi = \sum_l c_l\, u(l). \tag{34}$$

式 (34) は、ψ が $u(l)$ の重ね合わせの状態になっていることを表している。また、この式は、ψ を固有ベクトル $u(l)$ で展開した、という言い方もする。

固有値が現実に観測される値であるとするなら、固有値は実数でなければならない。そうすると、物理量を表す行列はエルミート行列でなければならないことが要請される。

3.4 重ね合わせと観測

重ね合わせの状態を観測すると、そのうちのどれかの固有値が観測される、と考えられるが、これについてよく考えてみよう。量子力学の啓蒙書などでは、「観測する前は重ね合わせの状態になっているが、観測によって状態が確定する。」という言い方がよくされている。ここで言う「確定する」とは、ある 1 つの固有ベクトルの状態になっているということである。式 (33) で言えば、観測前は ψ だった状態が、観測後は例えば $u(1)$ になっている、ということである。このような場合注意しなければならないのは、「確定する」のは 1 つの物理量だけであり、それ以外の物理量は重ね合わせのままだ、ということである。単に「観測によって状態が確定する」というと、全ての物理量が確定するかのような印象を受けてしまうが、それは間違いである。電子のスピンの例で言えば、スピンの z 成分を観測してその値が $+(1/2)\hbar$ であったなら、その状態は

$$\psi = \begin{pmatrix} 1 \\ 0 \end{pmatrix}$$

となるのだが、この状態自体がスピンの x 成分にとっては重ね合わせなのである (式 (32) 参照)。一般に、2 つの物理量が非可換ならば、それら 2 つの物理量は、同時には確定しない。一方が固有状態ならば、もう一方は重ね合わせとなる。代表的なものに、位置と運動量の関係がある。粒子の位置を観測すると、観測結果には誤差が含まれる。この誤差

は、測定に依存する誤差の他に、重ね合わせから来る不確定さが存在する。重ね合わせから来る不確定さは、状態ベクトルを位置の固有ベクトルで展開した時の係数によって決まる。すなわち式 (34) の c_l である。c_l は l を変数とする関数とみなすことができる。位置の固有ベクトルで展開すると、c_l の l は座標 x のことになるので、c_l は座標の関数となる。粒子がある範囲にあると考えられる場合、この関数は、粒子が存在している可能性が高い場所では大きな値を持つが、そこから離れると小さな値となる。この関数の広がりが不確定さである。ある値の周りのみが値を持ち、それ以外は 0 とみなせるような関数であれば、不確定さの幅は狭いと言えるし、逆に、関数の形が平坦で、左右に広く広がっているような関数は、不確定さの幅が広いと言える。

同様のことは運動量にも言える。運動量の場合は、c_l の l は運動量のことになる。位置の不確定さと運動量の不確定さが反比例する、というのが不確定性原理である。つまり、位置の不確定さを小さくすると運動量の不確定さが大きくなる。

もし、位置の不確定さを無くそうとすると、c_l はある 1 点のみが 0 でないデルタ関数となる。この時の運動量の不確定さは、$+\infty$ から $-\infty$ までの全ての運動量が同じ確からしさで有り得ることになり、全く不明になってしまう。もし観測によって位置が「確定する」としたら、運動量は全く分からないことになってしまうが、観測によって運動量が全く分からなくなるということはない。そうすると、観測を行っても状態はただ 1 つの固有ベクトルの状態になることはなく、重ね合わせのままであると考えた方が自然であるように思われる。先ほどは、観測によって 1 つの物理量の状態が確定する、と述べたが、それは、スピンのように固有値が不連続であるような特別な場合だけと考えなければならない。

結局、次のように考える。観測とは、対象とする物理系に対し外乱を与えることであり、その外乱を受けて、重ね合わせの状態が変化する。位置を観測しようとすれば、存在する場所を狭めるような外乱を与えることになるので、不確かさの関数は、ある場所の周辺が大きい関数となり、そのあたりに粒子が存在するということが分かる。この関数の幅が不確かさとなる。観測によって不確定さの幅は狭くはなるが、ただ 1 つの固有ベクトルの状態になることはない（観測対象が不連続固有値を持つ場合は、観測の外乱によって、特定の固有ベクトルの状態となることはありえる）。

このように考えると、現実の状態というものは、重ね合わせの状態であることの方が自然であるように思える。このことは、あとでまた議論することにする。

3.5 ブラベクトルとケットベクトル

ベクトルの表記としてブラベクトルとケットベクトルについて説明する。

式 (18) のように、行列の右側に置かれるベクトルをケットベクトルと名付けて $|u(l)\rangle$ と書く。すると、式 (18) は次のように書ける。

$$A\,|u(l)\rangle = a_l\,|u(l)\rangle\,. \tag{35}$$

ベクトルが固有ベクトルであることが明確な場合は、固有ベクトルを識別する文字 l のみを記して、次のように書くこともある。

$$A\,|l\rangle = a_l\,|l\rangle\,. \tag{36}$$

ケットベクトルのエルミート共役なベクトルをブラベクトルと名付けて $\langle u(l)|$ と書く。式 (35) のエルミート共役な式は次のようになる。

$$\langle u(l)|\, A^\dagger = a_l^* \,\langle u(l)|\,. \tag{37}$$

A がエルミート行列であれば $A^\dagger = A$ であり、その固有値は実数なので、式 (37) は次のようになる。

$$\langle u(l)|\, A = a_l \,\langle u(l)|\,.$$

この表記法を使うと、式 (24) は次のようになる。

$$\langle u(l)\,|\,u(m)\rangle = \delta_{lm} \text{ あるいは、} \langle l\,|\,m\rangle = \delta_{lm}. \tag{38}$$

式 (31) も書き直すと、

$$\langle u(l)\,|\,A\,|\,u(l)\rangle = a_l. \tag{39}$$

次に、式 (34) を書き直してみよう。この場合は次のようになる。

$$|\psi\rangle = \sum_l c_l \,|u(l)\rangle\,. \tag{40}$$

この式の左から $\langle u(m)|$ を掛けると、

$$\langle u(m)\,|\,\psi\rangle = \sum_l c_l \,\langle u(m)\,|\,u(l)\rangle\,.$$

右辺の m と l のブラとケットは、式 (38) を使うと δ_{lm} となる。したがって右辺は c_m となる。すなわち、

$$\langle u(m)\,|\,\psi\rangle = c_m. \tag{41}$$

これは、係数 c_m が、$|\psi\rangle$ と $\langle u(m)|$ の内積から求められることを示している。式 (41) を式 (40) に入れると、

$$|\psi\rangle = \sum_l \langle u(l)\,|\,\psi\rangle \cdot |u(l)\rangle$$

となるが、書き方の順番を変えて、

$$|\psi\rangle = \sum_l |u(l)\rangle \,\langle u(l)\,|\,\psi\rangle$$

と書くと、$\sum_l |u(l)\rangle\,\langle u(l)|$ が単位行列となっていることが分かる。すなわち、$|\psi\rangle = |\psi\rangle$ という恒等式の右辺に $\sum_l |u(l)\rangle\,\langle u(l)|$ という単位行列を入れたものになっている。

ここで、いわゆる状態関数（波動関数）と状態ベクトルとの対応を示しておこう。今、粒子の位置に対応する行列 x の固有ベクトルを $|x\rangle$ とする。すなわち、

$$x\,|x\rangle = x_r\,|x\rangle$$

という固有値方程式を満たすベクトルである。固有値は位置を表す x_r である。これのブラベクトルを式 (35) の左から掛けると、

$$\langle x\,|\,A\,|\,u(l)\rangle = a_l \,\langle x\,|\,u(l)\rangle\,.$$

左辺の A と $|u(l)\rangle$ の間に単位行列 $\sum_{x'} |x'\rangle \langle x'|$ を入れてやると、

$$\sum_{x'} \langle x \,|\, A \,|\, x' \rangle \langle x' \,|\, u(l) \rangle = a_l \langle x \,|\, u(l) \rangle . \tag{42}$$

左辺の $\langle x \,|\, A \,|\, x' \rangle$ は、

$$\langle x \,|\, A \,|\, x' \rangle = \hat{A} \langle x \,|\, x' \rangle = \hat{A}\, \delta(x - x')$$

となる。ここで、$\hat{A}$ は $\hat{x}$ と $\hat{P}$ からなる（x の関数に作用する）演算子である。また、$\sum_{x'}$ は積分で置き換えられるので、式 (42) の左辺は、

$$\int \hat{A}\, \delta(x - x') \langle x' \,|\, u(l) \rangle \, dx' = \hat{A} \langle x \,|\, u(l) \rangle$$

となり、結局、式 (42) は、

$$\hat{A} \langle x \,|\, u(l) \rangle = a_l \langle x \,|\, u(l) \rangle$$

となるが、この $\langle x \,|\, u(l) \rangle$ が状態関数となる。

3.6 期待値

式 (39) のように、行列 A を固有ベクトルのブラとケットで挟んでやると、その固有ベクトルに対応した固有値が得られる。それでは、固有ベクトルではないベクトルで挟んだ場合は、何が得られるであろうか。実際に計算してみよう。$|l\rangle$ を A の固有ベクトルとして、$|l\rangle$ を重ね合わせた $|\psi\rangle$、すなわち、$|\psi\rangle = \sum_l |l\rangle \langle l \,|\, \psi \rangle$ で A を挟んでみる。

$$\begin{aligned}
\langle \psi \,|\, A \,|\, \psi \rangle &= \sum_m \sum_l \langle \psi \,|\, m \rangle \langle m \,|\, A \,|\, l \rangle \langle l \,|\, \psi \rangle = \sum_m \sum_l \langle \psi \,|\, m \rangle \langle m \,|\, a_l \,|\, l \rangle \langle l \,|\, \psi \rangle \\
&= \sum_m \sum_l a_l \langle \psi \,|\, m \rangle \langle m \,|\, l \rangle \langle l \,|\, \psi \rangle = \sum_m \sum_l a_l \langle \psi \,|\, m \rangle \delta_{ml} \langle l \,|\, \psi \rangle \\
&= \sum_l a_l \langle \psi \,|\, l \rangle \langle l \,|\, \psi \rangle = \sum_l a_l \left| \langle l \,|\, \psi \rangle \right|^2 .
\end{aligned} \tag{43}$$

$\langle \psi \,|\, l \rangle$ は $\langle l \,|\, \psi \rangle$ の複素共役なので、$\langle \psi \,|\, l \rangle \langle l \,|\, \psi \rangle$ は $\langle l \,|\, \psi \rangle$ の絶対値の 2 乗である。$|\langle l \,|\, \psi \rangle|^2$ を全ての l で合計すると、

$$\sum_l \left| \langle l \,|\, \psi \rangle \right|^2 = \sum_l \langle \psi \,|\, l \rangle \langle l \,|\, \psi \rangle = \langle \psi \,|\, \psi \rangle = 1$$

である。

前に述べたように、$\langle l \,|\, \psi \rangle$ は $|\psi\rangle$ を $|l\rangle$ で展開した時の係数であり、$|l\rangle$ の成分がどれくらい含まれているかを表していると考えられる。また、$|\langle l \,|\, \psi \rangle|^2$ を全ての l で合計すると 1 となることから、$|\langle l \,|\, \psi \rangle|^2$ は a_l が現れる確率を表すのではないかと考えられる。そうすると、式 (43) は、A の期待値を計算する式となる。

この式が期待値を計算する式だとすると、観測される値との関係はどうなるのであろうか。期待値の計算式から明らかなように、期待値で計算された値は、a_l そのものとは違う値である。元々 a_l が実際に観測される値だと想定したのであるから、A の期待値は観測される値とは異なることになる。

このことについて、古典力学との対応で考えてみよう。古典力学では、位置や運動量といった物理量は、ある決まった値をとる。それに対し量子力学では、全ての物理量が同時に確定値を取ることはない。むしろ、3.4 章の終わりで述べたように、全ての物理量は重ね合わせの状態にあると考える方が自然であるように思われる。そう考えると、マクロ的に見た場合に、物理量がある特定の値を取っているように見えるのは、その値の近傍で状態が重ね合わさっているからだと考えられる。そのような重ね合わせの状態であれば、それで計算した期待値は、現実に観測される値と同じと思ってよいであろう。この考えを更に進めて、量子力学の期待値こそが古典力学の物理量を表している、と考えることにしよう。本書では、この考え方にしたがって量子力学の運動方程式を求めていくことにする。

ところで電子のスピンの期待値を計算してみると 0 になる。式 (32) で展開される状態を使って、スピンの x 成分の期待値を計算してみよう。

$$|\psi\rangle = \begin{pmatrix} 1 \\ 0 \end{pmatrix}, \quad |1\rangle = \begin{pmatrix} 1/\sqrt{2} \\ 1/\sqrt{2} \end{pmatrix}, \quad |2\rangle = \begin{pmatrix} 1/\sqrt{2} \\ -1/\sqrt{2} \end{pmatrix}$$

とすると、

$$|\psi\rangle = \frac{1}{\sqrt{2}}|1\rangle + \frac{1}{\sqrt{2}}|2\rangle, \quad S_x|1\rangle = +\frac{1}{2}\hbar|1\rangle, \quad S_x|2\rangle = -\frac{1}{2}\hbar|2\rangle$$

なので、

$$\langle\psi\,|\,S_x\,|\,\psi\rangle = +\frac{1}{4}\hbar\langle 1\,|\,1\rangle - \frac{1}{4}\hbar\langle 2\,|\,2\rangle = +\frac{1}{4}\hbar - \frac{1}{4}\hbar = 0.$$

つまり、S_x の期待値は 0 である。これは、実際に観測される値ではないし、近い値でもない。このことは逆に、スピンという概念が古典力学で現れなかった理由であると考えられる。つまり、期待値が 0 であることで、古典力学では対応する物理量が見つかりにくかったのではないかと考えられる。

4 量子力学での運動方程式

量子力学での運動方程式も、ニュートン力学の運動方程式から始めることにする。ニュートン力学の運動方程式は以下であった。

$$\frac{dP_i}{dt} = F_i.$$

これらの物理量を、期待値に置き換える。すなわち、

$$\frac{d}{dt}\langle\psi\,|\,P_i\,|\,\psi\rangle = \langle\psi\,|\,F_i\,|\,\psi\rangle.$$

ここで、古典力学と同様に $F_i = -\partial V/\partial x_i$ として、

$$\frac{d}{dt}\langle\psi\,|\,P_i\,|\,\psi\rangle = \left\langle\psi\,\middle|\left(-\frac{\partial V}{\partial x_i}\right)\middle|\,\psi\right\rangle \tag{44}$$

が成り立つとする。

まずは右辺の偏微分を考えよう。この時の微分はどのように考えたらよいであろうか。P_i、x_i 及び V（x_i の関数である）は演算子である（今後は行列だけでなく微分演算子のようなものも含めて考えることにして、演算子と書くことにする)。演算子を演算子で微

分するというのはどういうことであろうか。実は、これは難しく考える必要はない。通常の微分の規則に従うと考えればよい。通常の微分の規則とは、

$$\frac{\partial}{\partial x}x^n = nx^{n-1} \tag{45}$$

のことである。演算子に対し、上記のようになる操作を考えればよい。それには、実にうまい方法がある。少し面倒であるが、以下のようなことである。

まず、次のような操作をする括弧を定義する。

$$[A, B] = AB - BA$$

この括弧は交換子と言われる。あるいは、A と B の交換関係という。

今、x、P は演算子、A は x 及び P の関数とする。また、x と P の間に次の関係があるとする。

$$[x, P] = \alpha \text{ ただし、} \alpha \neq 0. \tag{46}$$

この時、A の微分を次の操作で行う。

$$\frac{\partial}{\partial x}A = -\frac{1}{\alpha}[P, A], \tag{47}$$

$$\frac{\partial}{\partial P}A = \frac{1}{\alpha}[x, A]. \tag{48}$$

式 (47) が式 (45) と同じ結果を与えることは、次のように確認できる。

$A = x^m P^n$ とおいて、P と A の交換関係を計算してみよう。

$$[P, A] = [P, x^m P^n] = Px^m P^n - x^m P^n P = Pxx^{m-1}P^n - x^m P^{n+1}.$$

ここで、式 (46) から、$Px = xP - \alpha$ なので、

$$\begin{aligned}[P, A] &= (xP - \alpha)x^{m-1}P^n - x^m P^{n+1} \\ &= xPx^{m-1}P^n - \alpha x^{m-1}P^n - x^m P^{n+1}.\end{aligned}$$

これは、第 1 項の x を P の前に 1 つ出すと、$-\alpha x^{m-1}P^n$ が追加されることを示している。これを繰り返すと、x^m を P の前に持ってくることができる。そうすると、m 個の $-\alpha x^{m-1}P^n$ が追加される。結局、上記の式は、

$$[P, A] = x^m PP^n - m\alpha x^{m-1}P^n - x^m P^{n+1} = -m\alpha x^{m-1}P^n$$

となる。したがって、

$$-\frac{1}{\alpha}[P, A] = mx^{m-1}P^n.$$

これは、A を x で偏微分したときの結果と同じである。同様に、式 (48) も示すことができる。

x、P が 3 次元ベクトルの場合は次のようになる。

$$[x_i, P_j] = \alpha\delta_{ij}, \quad \frac{\partial}{\partial x_i}A = -\frac{1}{\alpha}[P_i, A], \quad \frac{\partial}{\partial P_i}A = \frac{1}{\alpha}[x_i, A].$$

さて、それでは、式 (44) の右辺に上記の微分の操作を当てはめてみよう。

$$\left\langle \psi \left| \left(-\frac{\partial V}{\partial x_i}\right) \right| \psi \right\rangle = \left\langle \psi \left| \frac{1}{\alpha}[P_i, V] \right| \psi \right\rangle = \frac{1}{\alpha}\langle \psi \,|\, [P_i, V] \,|\, \psi \rangle.$$

そうすると、式 (44) は次のようになる。

$$\frac{d}{dt}\langle\psi\,|\,P_i\,|\,\psi\rangle = \frac{1}{\alpha}\langle\psi\,|\,[P_i, V]\,|\,\psi\rangle.$$

同様にして、x_i の時間微分も求めることができる。x_i の時間微分はニュートン力学では、

$$\frac{dx_i}{dt} = \frac{\partial T}{\partial P_i}$$

であったので、

$$\frac{d}{dt}\langle\psi\,|\,x_i\,|\,\psi\rangle = \frac{1}{\alpha}\langle\psi\,|\,[x_i, T]\,|\,\psi\rangle$$

となる。解析力学と同様に、ハミルトニアンとして $H = T + V$ を定義すると、上記の式は以下となる。

$$\frac{d}{dt}\langle\psi\,|\,P_i\,|\,\psi\rangle = \frac{1}{\alpha}\langle\psi\,|\,[P_i, H]\,|\,\psi\rangle, \tag{49}$$

$$\frac{d}{dt}\langle\psi\,|\,x_i\,|\,\psi\rangle = \frac{1}{\alpha}\langle\psi\,|\,[x_i, H]\,|\,\psi\rangle. \tag{50}$$

式 (9) 及び (10) と対比してみると、式 (49) 及び (50) はポアソン括弧を交換子（を α で割ったもの）に置き換えたものになっている。そうであれば、x_i、P_i からなる一般の物理量 A の時間微分は、式 (8) で、ポアソン括弧を交換子に置き換えたものになっていると考えられる（A の時間偏微分は後で説明する）。

$$\frac{d}{dt}\langle\psi\,|\,A\,|\,\psi\rangle = \frac{1}{\alpha}\langle\psi\,|\,[A, H]\,|\,\psi\rangle \tag{51}$$

なぜ置き換えができるかというと、ポアソン括弧と交換子がまったく同じ関係式を満たすからである。交換子は以下の関係式を満たす。

$$[A, B] = -\,[B, A]\,,$$
$$[aA, B] = a\,[A, B]\,,$$
$$[A, BC] = [A, B]\,C + B\,[A, C]\,.$$

これらは、ポアソン括弧の満たす関係式 (11)〜(13) と同じ関係式である。ポアソン括弧を説明したときに述べたように、運動方程式はポアソン括弧の定義式を知らなくても、それが満たす関係式のみから求めることができる。そしてそれは量子力学の運動方程式でも同様であると考えられるのである。

A が直接に時間を含む場合は、式 (51) に A の時間偏微分の項が付け加わる。時間変数 t は運動のパラメータであって演算子ではないので、通常の偏微分を使うことができる。

結局、量子力学での運動方程式は以下となる。

$$\frac{d}{dt}\langle\psi\,|\,A\,|\,\psi\rangle = \left\langle\psi\,\middle|\,\frac{\partial A}{\partial t}\,\middle|\,\psi\right\rangle + \frac{1}{\alpha}\langle\psi\,|\,[A, H]\,|\,\psi\rangle. \tag{52}$$

いまのところ、α が何かは分かっていない。これは、現実世界の現象と突き合わせることで決まる値である。ただ、α が虚数であることはすぐわかる。なぜなら、式 (46) で x と P がエルミート演算子であることから、式 (46) のエルミート共役を取ると、

$$[x, P]^\dagger = \alpha^*.$$

左辺を計算すると、

$$
\begin{aligned}
[x,P]^\dagger &= (xP-Px)^\dagger = (xP)^\dagger - (Px)^\dagger = P^\dagger x^\dagger - x^\dagger P^\dagger = Px - xP \\
&= -(xP-Px) = -[x,P] = -\alpha.
\end{aligned}
$$

したがって $\alpha^* = -\alpha$ なので、α は虚数である。

結論だけ述べると、$\alpha = i\hbar$ であることが分かっている。この $\hbar$ は、スピンの説明で出てきたものと同じものである。これを使って式 (52) をもう一度書くと、以下となる。

$$
\frac{d}{dt}\langle\psi\,|\,A\,|\,\psi\rangle = \left\langle\psi\,\middle|\,\frac{\partial A}{\partial t}\,\middle|\,\psi\right\rangle + \frac{1}{i\hbar}\langle\psi\,|\,[A,H]\,|\,\psi\rangle. \tag{53}
$$

5 シュレーディンガー方程式

式 (53) の左辺の時間微分についてみてみよう。$|\psi\rangle$ が時間変化するのであれば、式 (53) の左辺は次のようになる。

$$
\frac{d}{dt}\langle\psi\,|\,A\,|\,\psi\rangle = \left(\frac{d}{dt}\langle\psi|\right)A\,|\psi\rangle + \left\langle\psi\,\middle|\,\frac{\partial A}{\partial t}\,\middle|\,\psi\right\rangle + \langle\psi|\,A\left(\frac{d}{dt}\,|\psi\rangle\right). \tag{54}
$$

いまここで、次の式が成り立つとする。

$$
i\hbar\frac{d}{dt}\,|\psi\rangle = H\,|\psi\rangle\,. \tag{55}
$$

この式のエルミート共役を取ると、$H^\dagger = H$ を使って、

$$
-i\hbar\frac{d}{dt}\,\langle\psi| = \langle\psi|\,H. \tag{56}
$$

式 (55)、(56) を式 (54) に入れると、

$$
\begin{aligned}
\frac{d}{dt}\langle\psi\,|\,A\,|\,\psi\rangle &= -\frac{1}{i\hbar}\langle\psi\,|\,HA\,|\,\psi\rangle + \left\langle\psi\,\middle|\,\frac{\partial A}{\partial t}\,\middle|\,\psi\right\rangle + \frac{1}{i\hbar}\langle\psi\,|\,AH\,|\,\psi\rangle \\
&= \left\langle\psi\,\middle|\,\frac{\partial A}{\partial t}\,\middle|\,\psi\right\rangle + \frac{1}{i\hbar}\langle\psi\,|\,(AH-HA)\,|\,\psi\rangle \\
&= \left\langle\psi\,\middle|\,\frac{\partial A}{\partial t}\,\middle|\,\psi\right\rangle + \frac{1}{i\hbar}\langle\psi\,|\,[A,H]\,|\,\psi\rangle.
\end{aligned}
$$

したがって、

$$
\frac{d}{dt}\langle\psi\,|\,A\,|\,\psi\rangle = \left\langle\psi\,\middle|\,\frac{\partial A}{\partial t}\,\middle|\,\psi\right\rangle + \frac{1}{i\hbar}\langle\psi\,|\,[A,H]\,|\,\psi\rangle
$$

となる。これは、式 (53) に他ならない。つまり、式 (53) を解くということは、式 (55) を解けばよいということになる。式 (55) は、シュレーディンガー方程式として知られているものである。

H が時間を直接に含まない場合は、式 (55) の解は次のようになる。

$$
|\psi\rangle = \exp\left(-i\frac{H}{\hbar}t\right)|\psi(0)\rangle\,. \tag{57}
$$

ここで、$|\psi(0)\rangle$ は $t=0$ の時の状態ベクトルである。

ここで注意しなければならないのは、H は $|\psi(0)\rangle$ に作用する演算子であるということである。したがって、$\exp(-i(H/\hbar)t)$ も演算子である。指数関数型の演算子は、通常の指数関数のテイラー展開と同様に次の式で定義される。

$$\exp A = 1 + A + \frac{1}{2!}A^2 + \frac{1}{3!}A^3 + \cdots . \tag{58}$$

今、$|l\rangle$ を H の固有ベクトルとしよう。H の固有値はエネルギーなので、固有値を E_l と置くことにする。つまり、以下の固有値方程式が成り立っているとする。

$$H|l\rangle = E_l |l\rangle . \tag{59}$$

$|\psi(0)\rangle$ を $|l\rangle$ で展開する。

$$|\psi(0)\rangle = \sum_l |l\rangle \langle l \mid \psi(0)\rangle .$$

これを式 (57) に入れると、

$$|\psi\rangle = \exp\left(-i\frac{H}{\hbar}t\right) \sum_l |l\rangle \langle l \mid \psi(0)\rangle .$$

$|l\rangle$ は H の固有ベクトルなので、

$$\exp\left(-i\frac{H}{\hbar}t\right)|l\rangle = \exp\left(-i\frac{E_l}{\hbar}t\right)|l\rangle$$

が成り立つ。これは、式 (58) と (59) を使って容易に確認できる。したがって式 (57) は次のようになる。

$$|\psi\rangle = \sum_l \exp\left(-i\frac{E_l}{\hbar}t\right)|l\rangle \langle l \mid \psi(0)\rangle . \tag{60}$$

シュレーディンガー方程式を解けば時間の関数としての $|\psi\rangle$ が分かり、物理量 A の期待値の時間変化は $\langle \psi \mid A \mid \psi \rangle$ で与えられることになる。

次に、具体的な H について、固有値方程式を解いてみよう。

6　1 次元調和振動子

1 次元調和振動子とは、簡単に言うと振動するバネのことである。質量 M の質点が、バネ定数 k のバネの一方に付けられており、もう一方が固定されている状況でバネが振動している問題を扱う。この運動はバネの伸び縮みだけなので、1 次元の運動である。なお、バネは水平方向に運動するように置かれるものとする。重力を考慮しないようにするためである。

この時のハミルトニアン H は、

$$H = \frac{P^2}{2M} + \frac{1}{2}kx^2 . \tag{61}$$

H と x、及び H と P の交換関係を求めると、

$$[x, H] = \left[x, \frac{P^2}{2M} + \frac{1}{2}kx^2\right] = \left[x, \frac{P^2}{2M}\right] = \frac{1}{2M}\left[x, P^2\right]$$

$$= \frac{1}{2M} P\,[x, P] + \frac{1}{2M}\,[x, P]\,P = \frac{1}{2M} P i\hbar + \frac{1}{2M} i\hbar P = i\hbar \frac{P}{M}.$$

したがって、

$$[x, H] = i\hbar \frac{P}{M}. \tag{62}$$

P との交換関係も計算すると、

$$[P, H] = -i\hbar k x. \tag{63}$$

式 (62) を H の固有ベクトルで挟むと、

$$\langle l \,|\, [x, H] \,|\, m \rangle = i\hbar \left\langle l \,\middle|\, \frac{P}{M} \,\middle|\, m \right\rangle. \tag{64}$$

これの左辺を計算すると、

$$\begin{aligned}\langle l \,|\, [x, H] \,|\, m \rangle &= \langle l \,|\, (xH - Hx) \,|\, m \rangle = \langle l \,|\, xH \,|\, m \rangle - \langle l \,|\, Hx \,|\, m \rangle \\ &= \langle l \,|\, x E_m \,|\, m \rangle - \langle l \,|\, E_l x \,|\, m \rangle = E_m \langle l \,|\, x \,|\, m \rangle - E_l \langle l \,|\, x \,|\, m \rangle \\ &= (E_m - E_l)\, \langle l \,|\, x \,|\, m \rangle.\end{aligned}$$

したがって式 (64) は次の式となる。

$$(E_m - E_l)\, \langle l \,|\, x \,|\, m \rangle = i\hbar\, \frac{1}{M}\, \langle l \,|\, P \,|\, m \rangle. \tag{65}$$

同様に式 (63) を H の固有ベクトルで挟むと、

$$(E_m - E_l)\, \langle l \,|\, P \,|\, m \rangle = -i\hbar k\, \langle l \,|\, x \,|\, m \rangle. \tag{66}$$

式 (65) と (66) から $\langle l \,|\, P \,|\, m \rangle$ を消去すると、

$$(E_m - E_l)^2\, \langle l \,|\, x \,|\, m \rangle = -(i\hbar)^2\, \frac{k}{M}\, \langle l \,|\, x \,|\, m \rangle.$$

ここで、$\omega^2 = k/M$ とおくと、

$$(E_m - E_l)^2\, \langle l \,|\, x \,|\, m \rangle = (\hbar\omega)^2 \langle l \,|\, x \,|\, m \rangle.$$

ゆえに、

$$\left\{ (E_m - E_l)^2 - (\hbar\omega)^2 \right\} \langle l \,|\, x \,|\, m \rangle = 0.$$

もし、$\langle l \,|\, x \,|\, m \rangle$ が 0 でないならば、

$$(E_m - E_l)^2 - (\hbar\omega)^2 = 0$$

でなければならない。すなわち、

$$E_m - E_l = \pm \hbar\omega. \tag{67}$$

これは、隣り合うエネルギー固有値のエネルギー差が $\hbar\omega$ であることを意味している。式 (67) は、パッと見たのでは、隣り合うエネルギー固有値の関係とは見えない。l、m が特に指定されている訳ではないからである。しかし、逆に言えば、l、m に特別な制限はないので、l、m は隣り合っていなければならない。仮に、$m = l + 2$ で式 (67) が成り立っているとしよう。その場合でも、l と $l + 1$ の間、$l + 1$ と m の間で式 (67) が成り立

たなくてはいけないので、$m = l + 2$ で式 (67) は成り立たなくなってしまうのである。つまり、$m = l \pm 1$ の関係がなければならない。

そうすると、エネルギー固有値は、最低のエネルギーを E_0 とすると、

$$E_n = n\hbar\omega + E_0 \tag{68}$$

とならなければならない。

もう 1 点、忘れてはならないのは、$m = l \pm 1$ の時に限って $\langle l \,|\, x \,|\, m \rangle \neq 0$ であって、その他の l、m の組合せでは 0 だということである。これは、$\langle l \,|\, P \,|\, m \rangle$ についても同様である。

次に、E_0 を求めることにしよう。そのため、式 (61) のハミルトニアン H を因数分解してみる。ただし、x と P が可換ではないので（式 (46) で $\alpha = i\hbar$ とおいた関係がある)、次のようになる。

$$\begin{aligned} H &= \frac{P^2}{2M} + \frac{1}{2}kx^2 \\ &= \left(-i\sqrt{\frac{1}{2M}}P + \sqrt{\frac{k}{2}}x\right)\left(i\sqrt{\frac{1}{2M}}P + \sqrt{\frac{k}{2}}x\right) + \frac{1}{2}\hbar\sqrt{\frac{k}{M}}. \end{aligned}$$

ここで、$\omega^2 = k/M$ を使って書き直すと、以下となる。

$$H = \sqrt{\frac{1}{2M}}(-iP + M\omega x)\sqrt{\frac{1}{2M}}(iP + M\omega x) + \frac{1}{2}\hbar\omega.$$

ここで、

$$a = \sqrt{\frac{1}{2M\hbar\omega}}(iP + M\omega x) \tag{69}$$

とおく。a のエルミート共役は

$$a^\dagger = \sqrt{\frac{1}{2M\hbar\omega}}(-iP + M\omega x) \tag{70}$$

である。これらを使うとハミルトニアン H は、以下となる。

$$H = a^\dagger a\,\hbar\omega + \frac{1}{2}\hbar\omega. \tag{71}$$

式 (68) のエネルギー固有値と式 (71) のハミルトニアンの式から、

$$\left(a^\dagger a\,\hbar\omega + \frac{1}{2}\hbar\omega\right)|n\rangle = (n\hbar\omega + E_0)\,|n\rangle \tag{72}$$

となる。左右の式を比べると、$a^\dagger a$ の固有値が n、E_0 が $(1/2)\hbar\omega$ となっていればよいことが分かる。

a についてもう少し調べてみよう。まず、a と $a^\dagger$ の交換関係を調べよう。

$$\begin{aligned} [a, a^\dagger] &= \left[\sqrt{\frac{1}{2M\hbar\omega}}(iP + M\omega x), \sqrt{\frac{1}{2M\hbar\omega}}(-iP + M\omega x)\right] \\ &= \frac{1}{2M\hbar\omega}\,[iP + M\omega x, -iP + M\omega x] \\ &= \frac{1}{2M\hbar\omega}\,([iP, M\omega x] + [M\omega x, -iP]) \end{aligned}$$

$$= \frac{1}{2M\hbar\omega}\left(iM\omega\,[P,x] - iM\omega\,[x,P]\right) = \frac{iM\omega}{2M\hbar\omega}\left([P,x] - [x,P]\right)$$
$$= \frac{iM\omega}{2M\hbar\omega}(-i\hbar - i\hbar) = \frac{-2i^2 M\hbar\omega}{2M\hbar\omega} = 1.$$

すなわち、

$$[a, a^\dagger] = 1. \tag{73}$$

さて、H の固有値方程式は、

$$\left(a^\dagger a\,\hbar\omega + \frac{1}{2}\hbar\omega\right)|n\rangle = E_n\,|n\rangle$$

であり、これに左から a を掛けると、

$$a\left(a^\dagger a\,\hbar\omega + \frac{1}{2}\hbar\omega\right)|n\rangle = E_n a\,|n\rangle\,. \tag{74}$$

式 (73) を使って左辺の a と $a^\dagger$ の順序を変えると、

$$\left(aa^\dagger a\,\hbar\omega + \frac{1}{2}\hbar\omega a\right)|n\rangle = \left(\left(a^\dagger a + 1\right)a\,\hbar\omega + \frac{1}{2}\,\hbar\omega a\right)|n\rangle$$
$$= \left(a^\dagger aa\,\hbar\omega + \hbar\omega a + \frac{1}{2}\hbar\omega a\right)|n\rangle = \left(a^\dagger a\,\hbar\omega + \hbar\omega + \frac{1}{2}\,\hbar\omega\right)a\,|n\rangle\,.$$

したがって式 (74) は、

$$\left(a^\dagger a\,\hbar\omega + \hbar\omega + \frac{1}{2}\hbar\omega\right)a\,|n\rangle = E_n a\,|n\rangle$$

ここで、$a\,|n\rangle = |n'\rangle$ とおくと、

$$\left(a^\dagger a\,\hbar\omega + \hbar\omega + \frac{1}{2}\hbar\omega\right)\left|n'\right\rangle = E_n\left|n'\right\rangle$$

左辺の $\hbar\omega$ を右辺に移すと、

$$\left(a^\dagger a\,\hbar\omega + \frac{1}{2}\hbar\omega\right)\left|n'\right\rangle = (E_n - \hbar\omega)\left|n'\right\rangle$$

この式は、固有ベクトル $|n'\rangle$ に対応する固有値が $E_n - \hbar\omega$ であることを示している。前に述べたように、エネルギー固有値は $\hbar\omega$ ずつ違うので、$E_n - \hbar\omega$ は E_{n-1} のことになる。そうすると、$|n'\rangle$ は E_{n-1} に対応する固有ベクトルとなるので、β_n を係数として、

$$a\,|n\rangle = \beta_n\,|n-1\rangle \tag{75}$$

とおける。これは、a が作用すると、固有値が 1 つ前の固有ベクトルになることを表している。

式 (75) の左から $\langle n-1|$ を掛けると、

$$\langle n-1\,|\,a\,|\,n\rangle = \beta_n \tag{76}$$

となる。これのエルミート共役を取ると、

$$\langle n\mid a^\dagger\mid n-1\rangle = \beta_n^*. \tag{77}$$

これから、

$$a^\dagger\,|n-1\rangle = \beta_n^*\,|n\rangle \tag{78}$$

となる。これは、$a^\dagger$ が作用すると、固有値が 1 つ後の固有ベクトルになることを表している。このため、a は消滅演算子、$a^\dagger$ は生成演算子と言われる。

a を作用させて固有値がより小さい固有ベクトルにしていくと、最後は最小エネルギーの固有ベクトルとなる。それよりエネルギーの小さい固有ベクトルはないので、最小エネルギーの固有ベクトル $|0\rangle$ に対して、$a\,|0\rangle = 0$ が成り立たなければならない。これを使うと、$|0\rangle$ の座標表示（波動関数）が求められる。x の固有ベクトルであるブラベクトル $\langle x|$ を掛けると、$\langle x\,|\,a\,|\,0\rangle = 0$ となるが、この左辺を計算していくと、

$$\begin{aligned}\langle x\,|\,a\,|\,0\rangle &= \left\langle x \left| \sqrt{\frac{1}{2M\hbar\omega}}(iP + M\omega x) \right| 0 \right\rangle = \langle x\,|\,(iP + M\omega x)\,|\,0\rangle \\ &= (i\hat{P} + M\omega\hat{x})\,\langle x\,|\,0\rangle .\end{aligned}$$

$\hat{P}$ と $\hat{x}$ は、$\hat{P} = -i\hbar\, d/dx$、$\hat{x} = x$ である。したがって、

$$\left(\hbar\frac{d}{dx} + M\omega x\right)\langle x\,|\,0\rangle = 0.$$

これから、

$$\frac{d}{dx}\langle x\,|\,0\rangle = -\frac{M\omega}{\hbar}x\,\langle x\,|\,0\rangle .$$

ここで、$\alpha^2 = M\omega/\hbar$ とおくと、

$$\frac{d}{dx}\langle x\,|\,0\rangle = -\alpha^2 x\,\langle x\,|\,0\rangle .$$

この微分方程式の解は、

$$\langle x\,|\,0\rangle = A\exp\left(-\frac{1}{2}\alpha^2 x^2\right) \tag{79}$$

である。A は規格化定数で、$A = \alpha^{\frac{1}{2}}/\pi^{\frac{1}{4}}$ である。

次に、$a^\dagger a$ の固有値を求めよう。式 (75) と (78) を使うと、

$$a^\dagger a\,|n\rangle = a^\dagger\beta_n\,|n-1\rangle = \beta_n\beta_n^*\,|n\rangle = |\beta_n|^2\,|n\rangle$$

となるので、$|\beta_n|^2$ が $a^\dagger a$ の固有値である。式 (72) のところで見たように、$a^\dagger a$ の固有値は n なので、$\beta_n = \sqrt{n}$ となる。

これを使って式 (76) と (77) をもう一度書くと、

$$\langle n-1 \mid a \mid n\rangle = \sqrt{n}, \tag{80}$$

$$\langle n \mid a^\dagger \mid n-1\rangle = \sqrt{n}. \tag{81}$$

この β_n には、大きさが 1 の複素数が掛けられていてもよい。また、a として式 (69) のようにおいたが、こちらも大きさが 1 の複素数が掛けられていてもよい。例えば、$a = \sqrt{1/(2M\hbar\omega)}(P - iM\omega x)$、$a^\dagger = \sqrt{1/(2M\hbar\omega)}(P + iM\omega x)$ でもよい。

式 (78) と (79) を使うと、$\langle x\,|\,1\rangle$ を求めることができる。式 (78) と $\beta_1 = 1$ から $a^\dagger\,|0\rangle = |1\rangle$ となるので、$\langle x \mid a^\dagger \mid 0\rangle = \langle x\,|\,1\rangle$ となり、この左辺を計算すると、

$$\langle x \mid a^\dagger \mid 0\rangle = \left\langle x \left| \sqrt{\frac{1}{2M\hbar\omega}}\,(-iP + M\omega x) \right| 0 \right\rangle$$

$$
\begin{aligned}
&= \sqrt{\frac{1}{2M\hbar\omega}}\left(-i\hat{P}+M\omega\hat{x}\right)\langle x\,|\,0\rangle \\
&= \sqrt{\frac{1}{2M\hbar\omega}}\left(-\hbar\frac{d}{dx}+M\omega x\right)\langle x\,|\,0\rangle = \sqrt{\frac{\hbar}{2M\omega}}\left(-\frac{d}{dx}+\alpha^2 x\right)\langle x\,|\,0\rangle \\
&= \sqrt{\frac{1}{2\alpha^2}}\left(-\frac{d}{dx}+\alpha^2 x\right)A\exp\left(-\frac{1}{2}\alpha^2x^2\right) \\
&= \sqrt{\frac{1}{2\alpha^2}}\left(\alpha^2 x+\alpha^2 x\right)A\exp\left(-\frac{1}{2}\alpha^2x^2\right) \\
&= \sqrt{\frac{1}{2\alpha^2}}\,2\alpha^2 xA\exp\left(-\frac{1}{2}\alpha^2x^2\right) = \sqrt{\frac{\alpha}{2\pi^{\frac{1}{2}}}}\,2\alpha x\exp\left(-\frac{1}{2}\alpha^2x^2\right).
\end{aligned}
$$

したがって、

$$
\langle x\,|\,1\rangle = \sqrt{\frac{\alpha}{2\pi^{\frac{1}{2}}}}\,2\alpha x\exp\left(-\frac{1}{2}\alpha^2x^2\right).
$$

これを繰り返していくと、$\langle x\,|\,n\rangle$ を求めることができる。

今度は、x と P について、エネルギー固有ベクトルで挟んだ時の値を求めよう。式 (69) と (70) から、x と P を a と $a^\dagger$ で表すと、

$$
x = \sqrt{\frac{\hbar}{2M\omega}}(a^\dagger+a), \quad P = i\sqrt{\frac{M\hbar\omega}{2}}(a^\dagger-a).
$$

先に述べたように、$m=l\pm1$ のときに限って $\langle l\,|\,x\,|\,m\rangle\neq 0$ であるから、あるケットベクトル $|l\rangle$ を持ってきたときに 0 でないものは、

$$
\begin{aligned}
\langle l+1\,|\,x\,|\,l\rangle &= \left\langle l+1\,\middle|\,\sqrt{\frac{\hbar}{2M\omega}}(a^\dagger+a)\,\middle|\,l\right\rangle \\
&= \sqrt{\frac{\hbar}{2M\omega}}\Big(\langle l+1\,|\,a^\dagger\,|\,l\rangle+\langle l+1\,|\,a\,|\,l\rangle\Big) = \sqrt{\frac{\hbar}{2M\omega}}\langle l+1\,|\,a^\dagger\,|\,l\rangle \\
&= \sqrt{\frac{\hbar}{2M\omega}}\sqrt{l+1} = \sqrt{\frac{(l+1)\hbar}{2M\omega}},
\end{aligned}
$$

及び、

$$
\begin{aligned}
\langle l-1\,|\,x\,|\,l\rangle &= \left\langle l-1\,\middle|\,\sqrt{\frac{\hbar}{2M\omega}}(a^\dagger+a)\,\middle|\,l\right\rangle \\
&= \sqrt{\frac{\hbar}{2M\omega}}\Big(\langle l-1\,|\,a^\dagger\,|\,l\rangle+\langle l-1\,|\,a\,|\,l\rangle\Big) = \sqrt{\frac{\hbar}{2M\omega}}\langle l-1\,|\,a\,|\,l\rangle \\
&= \sqrt{\frac{\hbar}{2M\omega}}\sqrt{l} = \sqrt{\frac{l\hbar}{2M\omega}}
\end{aligned}
$$

の 2 つである。

P についても計算すると以下のようになる。

$$
\begin{aligned}
\langle l+1\,|\,P\,|\,l\rangle &= i\sqrt{\frac{M\hbar\omega}{2}}\langle l+1\,|\,a^\dagger\,|\,l\rangle = i\sqrt{\frac{(l+1)M\hbar\omega}{2}}, \\
\langle l-1\,|\,P\,|\,l\rangle &= i\sqrt{\frac{M\hbar\omega}{2}}\langle l-1\,|\,(-a)\,|\,l\rangle = -i\sqrt{\frac{lM\hbar\omega}{2}}.
\end{aligned}
$$

7　1次元調和振動子の古典的運動

前章で求めた 1 次元調和振動子の解を使って、マクロな 1 次元調和振動子の運動、つまり、バネの運動を求めてみよう。その前に、古典力学での運動方程式を解いて、バネの運動を求めておこう。

7.1　古典力学での運動方程式の解

解くべき式は、運動方程式とフックの法則から求められる。すなわち、$Ma = F$ と $F = -kx$ である。M はバネに付いている質点の質量、k はバネのバネ定数である。これらから、$Ma = -kx$ となる。a は、変位 x の時間での 2 階微分なので、

$$M\frac{d^2x}{dt^2} = -kx$$

ここで $\omega^2 = k/M$ とおくと、

$$\frac{d^2x}{dt^2} = -\omega^2 x$$

この微分方程式を解けばよい。微分方程式の解き方は色々あるかと思うが、物理学としては解ければよいので、とにかく解を仮定しよう。2 回微分すると自分自身にマイナスを掛けたものになる、というのは、三角関数の sin や cos があるので、これを使う。また、2 階の微分方程式なので、積分定数は 2 つ必要である。ということで、解の形は、

$$x = A\cos(\omega t + \delta) \tag{82}$$

となる。初期条件として、バネを d だけ引っ張って手を放したとして、その時刻を $t = 0$ とする。そうすると、$t = 0$ で $x = d$ である。$t = 0$ では静止しているので、その時の質点の速度は 0 である。質点の速度は、式 (82) を時間で微分すればよいので、

$$\frac{dx}{dt} = -A\omega\sin(\omega t + \delta).$$

これが $t = 0$ で 0 である。

以上の条件から、$\delta = 0$、$A = d$ が決まる。解としては次のようになる。

$$x = d\cos(\omega t) \tag{83}$$

この時の全エネルギーは、$t = 0$ の時のポテンシャルエネルギーであるから、

$$E = \frac{1}{2}kd^2 \tag{84}$$

である。

本題とは関係ないのだが、バネの運動方程式を解くときにいつも思うのは、この問題は物理学における数学の重要性を表わしていると思う。運動方程式とフックの法則の式をいくら眺めたところで、質点の運動が sin や cos になることは分からない。常に中心方向に力が働くことから、振動するだろうとは分かるが、それがどんな関数になるのかまでは分からないだろう。微分方程式を解くことで質点の運動が求まるということを、物理学を勉強する人たちは早くから学ぶべきだと思う。

7.2 量子力学的解によるバネの運動

それでは次に、量子力学的1次元調和振動子の解を使って、マクロなバネの運動を求めてみよう。3.6 章で述べたように、量子力学の期待値が古典力学の物理量を表している、と考える。つまり、ここで求めるのは、$\langle\psi\,|\,x\,|\,\psi\rangle$ 及び $\langle\psi\,|\,P\,|\,\psi\rangle$ である。直ちに分かることは、$|\psi\rangle$ はただ1つのエネルギー固有ベクトルではありえないということである。なぜならば、$\langle l\,|\,x\,|\,l\rangle = 0$ だからである。$|\psi\rangle$ はエネルギー固有ベクトルの重ね合わせでなければならない。

ここで、$|\psi\rangle$ をある N の近傍の固有ベクトルの重ね合わせであると仮定して $\langle\psi\,|\,x\,|\,\psi\rangle$ を計算してみよう。$|\psi\rangle$ を以下のように仮定する。

$$
\begin{aligned}
|\psi\rangle = {} & \frac{1}{\sqrt{n}}\exp\left(-i\frac{E_N}{\hbar}t\right)|N\rangle + \frac{1}{\sqrt{n}}\exp\left(-i\frac{E_{N+1}}{\hbar}t\right)|N+1\rangle \\
& + \frac{1}{\sqrt{n}}\exp\left(-i\frac{E_{N+2}}{\hbar}t\right)|N+2\rangle \\
& + \cdots + \frac{1}{\sqrt{n}}\exp\left(-i\frac{E_{N+n-1}}{\hbar}t\right)|N+n-1\rangle\,. \qquad (85)
\end{aligned}
$$

ここでは、$|\psi\rangle$ を $|N\rangle$ から $|N+n-1\rangle$ までの n 個の固有ベクトルの重ね合わせとしている。各固有ベクトルの係数は全て同じとして、$\langle\psi\,|\,\psi\rangle = 1$ となるように決めている。

そうすると、

$$
\begin{aligned}
\langle\psi\,|\,x\,|\,\psi\rangle = {} & \frac{1}{n}\left(\exp\left(i\frac{E_N}{\hbar}t\right)\langle N| + \exp\left(i\frac{E_{N+1}}{\hbar}t\right)\langle N+1|\right. \\
& \left. + \cdots + \exp\left(i\frac{E_{N+n-1}}{\hbar}t\right)\langle N+n-1|\right) \\
& \times x\left(\exp\left(-i\frac{E_N}{\hbar}t\right)|N\rangle + \exp\left(-i\frac{E_{N+1}}{\hbar}t\right)|N+1\rangle\right. \\
& \left. + \cdots + \exp\left(-i\frac{E_{N+n-1}}{\hbar}t\right)|N+n-1\rangle\right).
\end{aligned}
$$

この式の右辺で0でないのは、$\langle l-1\,|\,x\,|\,l\rangle$ か又は $\langle l+1\,|\,x\,|\,l\rangle$ の組合せのみであるから、あるケットベクトル $|N+i\rangle$ に着目すると、そのケットベクトルとの組合わせで0でないものは、

$$
\begin{aligned}
& \exp\left(i\frac{E_{N+i-1}}{\hbar}t\right)\exp\left(-i\frac{E_{N+i}}{\hbar}t\right)\langle N+i-1\,|\,x\,|\,N+i\rangle \\
& + \exp\left(i\frac{E_{N+i+1}}{\hbar}t\right)\exp\left(-i\frac{E_{N+i}}{\hbar}t\right)\langle N+i+1\,|\,x\,|\,N+i\rangle
\end{aligned}
$$

だけである。指数の部分のエネルギーは、$E_{N+i} = (N+i)\,\hbar\omega$ であるが、常にエネルギー準位が1つだけ違った組合せであるから、上記の式は、

$$
\exp\left(-i\omega t\right)\langle N+i-1\,|\,x\,|\,N+i\rangle + \exp\left(i\omega t\right)\langle N+i+1\,|\,x\,|\,N+i\rangle
$$

となる。また x を固有ベクトルで挟んだものは、

$$
\langle N+i-1\,|\,x\,|\,N+i\rangle = \sqrt{\frac{(N+i)\hbar}{2M\omega}},
$$

$$\langle N+i+1\,|\,x\,|\,N+i\rangle = \sqrt{\frac{(N+i+1)\hbar}{2M\omega}}$$

となるので、結局、0 でない組合せは、

$$\exp(-i\omega t)\sqrt{\frac{(N+i)\hbar}{2M\omega}} + \exp(i\omega t)\sqrt{\frac{(N+i+1)\hbar}{2M\omega}}.$$

これがケットベクトル $|N+i\rangle$ ごとにある。ただし、$|N\rangle$ と $|N+n-1\rangle$ は一番端にあるので、それぞれ 1 つの項しかない。すなわち、

$$\langle N+1\,|\,x\,|\,N\rangle = \sqrt{\frac{(N+1)\hbar}{2M\omega}},$$

$$\langle N+n-2\,|\,x\,|\,N+n-1\rangle = \sqrt{\frac{(N+n-1)\hbar}{2M\omega}}.$$

以上から、

$$\begin{aligned}
&\langle \psi\,|\,x\,|\,\psi\rangle \\
&= \frac{1}{n}\Biggl(\exp(i\omega t)\sqrt{\frac{(N+1)\hbar}{2M\omega}} \\
&\qquad + \exp(-i\omega t)\sqrt{\frac{(N+1)\hbar}{2M\omega}} + \exp(i\omega t)\sqrt{\frac{(N+2)\hbar}{2M\omega}} \\
&\qquad + \exp(-i\omega t)\sqrt{\frac{(N+2)\hbar}{2M\omega}} + \exp(i\omega t)\sqrt{\frac{(N+3)\hbar}{2M\omega}} \\
&\qquad + \cdots + \exp(-i\omega t)\sqrt{\frac{(N+n-2)\hbar}{2M\omega}} + \exp(i\omega t)\sqrt{\frac{(N+n-1)\hbar}{2M\omega}} \\
&\qquad + \exp(-i\omega t)\sqrt{\frac{(N+n-1)\hbar}{2M\omega}}\Biggr) \\
&= \frac{1}{n}\Biggl((\exp(i\omega t)+\exp(-i\omega t))\sqrt{\frac{(N+1)\hbar}{2M\omega}} \\
&\qquad + (\exp(i\omega t)+\exp(-i\omega t))\sqrt{\frac{(N+2)\hbar}{2M\omega}} \\
&\qquad + \cdots + (\exp(i\omega t)+\exp(-i\omega t))\sqrt{\frac{(N+n-1)\hbar}{2M\omega}}\Biggr) \\
&= \frac{1}{n}(\exp(i\omega t)+\exp(-i\omega t)) \\
&\qquad \times \left(\sqrt{\frac{(N+1)\hbar}{2M\omega}} + \sqrt{\frac{(N+2)\hbar}{2M\omega}} + \cdots + \sqrt{\frac{(N+n-1)\hbar}{2M\omega}}\right) \\
&= \frac{2}{n}\cos(\omega t)\left(\sqrt{\frac{(N+1)\hbar}{2M\omega}} + \sqrt{\frac{(N+2)\hbar}{2M\omega}} + \cdots + \sqrt{\frac{(N+n-1)\hbar}{2M\omega}}\right). \qquad (86)
\end{aligned}$$

さて、ここで、N がどれくらいの数であるのかを調べておこう。全エネルギー E が $E = N\hbar\omega + (1/2)\,\hbar\omega$ で与えられることから、これが式 (84) の E に等しいとおけば N

が求まる。そこで k、M 及び d を次のように想定しよう。

$$k = 100\ \mathrm{N/m}, \quad M = 1\ \mathrm{kg}, \quad d = 0.1\ \mathrm{m}.$$

そうすると全エネルギー E 及び ω は、

$$E = \frac{1}{2}kd^2 = \frac{1}{2} \times 100 \times (0.1)^2 = 0.5\ \mathrm{J},$$

$$\omega = \sqrt{\frac{k}{M}} = \sqrt{\frac{100}{1}} = 10\ \mathrm{rad/s}.$$

$\hbar$ は定数で、$\hbar = 1.05 \times 10^{-34}$ Js であるから、これで N を求めると、

$$N + \frac{1}{2} = \frac{E}{\hbar\omega} = \frac{0.5}{1.05 \times 10^{-34} \times 10} \approx 0.5 \times 10^{33}.$$

これくらいの桁になると、たとえ n が 10 万とか 100 万とかであっても、N と $N+n$ は同じとみなしてよいので、式 (86) の $N+i$ をすべて N として計算する。そうすると、

$$\langle \psi \,|\, x \,|\, \psi \rangle = \frac{2}{n} \cos(\omega t) \left(\sqrt{\frac{N\hbar}{2M\omega}} + \sqrt{\frac{N\hbar}{2M\omega}} + \cdots + \sqrt{\frac{N}{2M\omega}} \right).$$

$$= \frac{n-1}{n}\, 2\cos(\omega t) \sqrt{\frac{N\hbar}{2M\omega}}.$$

ここで、ルートの中を計算しよう。$N\hbar\omega = (1/2)\,kd^2$ を使うと（N が非常に大きいので、$(1/2)\,\hbar\omega$ は無視する)、

$$\sqrt{\frac{N\hbar}{2M\omega}} = \sqrt{\frac{N\hbar\omega}{2M\omega^2}} = \sqrt{\frac{kd^2}{4M\omega^2}} = \sqrt{\frac{kd^2}{4k}} = \frac{d}{2}$$

となるので、

$$\langle \psi \,|\, x \,|\, \psi \rangle = \frac{n-1}{n}\, 2\cos(\omega t)\, \frac{d}{2} = \frac{n-1}{n}\, d\cos(\omega t)$$

n がある程度大きければ、$\dfrac{n-1}{n} \approx 1$ とみなせるので、

$$\langle \psi \,|\, x \,|\, \psi \rangle = d\cos(\omega t)$$

これは、ニュートン力学で求めた式 (83) と同じになっている。

同様にして $\langle \psi \,|\, P \,|\, \psi \rangle$ も求めることができる。

$$\begin{aligned}
&\langle \psi \,|\, P \,|\, \psi \rangle \\
&= \frac{1}{n} \Biggl(\exp(i\omega t)\, i \sqrt{\frac{(N+1)M\hbar\omega}{2}} - \exp(-i\omega t)\, i \sqrt{\frac{(N+1)M\hbar\omega}{2}} \\
&\qquad + \exp(i\omega t)\, i \sqrt{\frac{(N+2)M\hbar\omega}{2}} - \exp(-i\omega t)\, i \sqrt{\frac{(N+2)M\hbar\omega}{2}} \\
&\qquad + \cdots \\
&\qquad + \exp(i\omega t)\, i \sqrt{\frac{(N+n-1)M\hbar\omega}{2}} - \exp(-i\omega t)\, i \sqrt{\frac{(N+n-1)M\hbar\omega}{2}} \Biggr)
\end{aligned}$$

$$
\begin{aligned}
&= \frac{1}{n}\left(\exp(i\omega t) - \exp(-i\omega t)\right) i \\
&\quad \times \left(\sqrt{\frac{(N+1)M\hbar\omega}{2}} + \sqrt{\frac{(N+2)M\hbar\omega}{2}} + \cdots + \sqrt{\frac{(N+n-1)M\hbar\omega}{2}}\right) \\
&= \frac{-2}{n}\sin(\omega t)\left(\sqrt{\frac{(N+1)M\hbar\omega}{2}} + \sqrt{\frac{(N+2)M\hbar\omega}{2}}\right. \\
&\qquad\qquad\qquad \left. + \cdots + \sqrt{\frac{(N+n-1)M\hbar\omega}{2}}\right).
\end{aligned}
$$

$\langle \psi \,|\, x \,|\, \psi \rangle$ のときと同様に、$N+i$ をすべて N として計算すると、

$$
\langle \psi \,|\, P \,|\, \psi \rangle = -2\,\frac{n-1}{n}\,\sin(\omega t)\sqrt{\frac{NM\hbar\omega}{2}}.
$$

ルートの中は、

$$
\sqrt{\frac{NM\hbar\omega}{2}} = \sqrt{\frac{Mkd^2}{4}} = \sqrt{\frac{M^2\omega^2 d^2}{4}} = \frac{M\omega d}{2}
$$

したがって、

$$
\langle \psi \,|\, P \,|\, \psi \rangle = -M\omega d \sin(\omega t) = M\frac{d}{dt}\langle \psi \,|\, x \,|\, \psi \rangle.
$$

これも、ニュートン力学で求められる結果と同様の式になっている。なお、$\langle \psi \,|\, P \,|\, \psi \rangle = M(d/dt)\langle \psi \,|\, x \,|\, \psi \rangle$ は、式 (86) を使えば、近似をしなくても厳密に成り立っていることが確認できる。

7.3 初期条件を座標関数で与えた場合の解

今度は、式 (60) の中の初期条件 $|\psi(0)\rangle$ を座標の関数で与えた場合の解を求めてみよう。まず、$\langle l \,|\, \psi(0)\rangle$ を計算しなければならない。それは次のようにして求められる。

$$
\langle n \,|\, \psi(0)\rangle = \sum_x \langle n \,|\, x\rangle \langle x \,|\, \psi(0)\rangle = \int_{-\infty}^{+\infty} \langle n \,|\, x\rangle \langle x \,|\, \psi(0)\rangle \, dx. \tag{87}
$$

$|\psi(0)\rangle$ を座標表示したもの（座標の関数で与えたもの）が $\langle x \,|\, \psi(0)\rangle$ になる。$\langle n \,|\, x\rangle$ は、エネルギー固有ベクトルを座標表示したものになる（正確にはエルミート共役関数である）。ここで、

$$
\langle x \,|\, \psi(0)\rangle = \psi_0(x), \quad \langle x \,|\, n\rangle = u_n(x)
$$

とおく。$u_n(x)$ は、1 次元調和振動子の固有値方程式を波動関数として求めたものであり、次の形をしている（標準的な量子力学の教科書には記載があるので、詳細はそちらを参照してもらいたい）。

$$
u_n(x) = N_n\, H_n(\alpha x)\, \exp\left(-\frac{1}{2}\alpha^2 x^2\right). \tag{88}
$$

ここで、$H_n(\alpha x)$ はエルミート多項式、$N_n = \alpha^{\frac{1}{2}}/(\pi^{\frac{1}{4}}\sqrt{2^n n!})$、$\alpha = \sqrt{M\omega/\hbar}$ である。

さて、$\psi_0(x)$ を次のように設定しよう。

$$\psi_0(x) = \frac{\alpha^{\frac{1}{2}}}{\pi^{\frac{1}{4}}} \exp\left(-\frac{1}{2}\alpha^2(x-d)^2\right). \tag{89}$$

$\psi_0(x)$ は、その中心が $x = d$ の位置にある正規分布関数の形をしたものである。
式 (88) と (89) を使って式 (87) を計算する。

$$\begin{aligned}\langle n \,|\, \psi(0)\rangle &= \int_{-\infty}^{+\infty} u_n^*(x)\,\psi_0(x)\,dx \\ &= N_n\,\frac{\alpha^{\frac{1}{2}}}{\pi^{\frac{1}{4}}}\int_{-\infty}^{+\infty} H_n(\alpha x)\,\exp\left(-\frac{1}{2}\alpha^2 x^2\right)\exp\left(-\frac{1}{2}\alpha^2(x-d)^2\right)\,dx.\end{aligned}$$

ここで、$\xi = \alpha x$ とおくと、

$$\begin{aligned}\langle n \,|\, \psi(0)\rangle &= \frac{N_n}{\pi^{\frac{1}{4}}\alpha^{\frac{1}{2}}}\int_{-\infty}^{+\infty} H_n(\xi)\,\exp\left(-\frac{1}{2}\xi^2\right)\exp\left(-\frac{1}{2}(\xi-\xi_0)^2\right)\,d\xi \\ &= \frac{N_n}{\pi^{\frac{1}{4}}\alpha^{\frac{1}{2}}}\int_{-\infty}^{+\infty} H_n(\xi)\,\exp\left(-\left(\xi^2 - \xi\xi_0 + \frac{1}{2}\xi_0^2\right)\right)\,d\xi.\end{aligned} \tag{90}$$

ここで、$\xi_0 = \alpha d$ である。
この積分を計算するのに、$H_n(\xi)$ の母関数を使う。

$$\exp\left(-s^2 + 2s\xi\right) = \sum_{n=0}^{\infty}\frac{H_n(\xi)}{n!}\,s^n. \tag{91}$$

式 (91) の両辺に $\exp\left(-\left(\xi^2 - \xi\xi_0 + (1/2)\,\xi_0^2\right)\right)$ を掛けて、ξ で積分する。

$$\begin{aligned}&\int_{-\infty}^{+\infty}\exp\left(-s^2 + 2s\xi\right)\exp\left(-\left(\xi^2 - \xi\xi_0 + \frac{1}{2}\xi_0^2\right)\right)\,d\xi \\ &\qquad = \int_{-\infty}^{+\infty}\sum_{n=0}^{\infty}\frac{H_n(\xi)}{n!}s^n\exp\left(-\left(\xi^2 - \xi\xi_0 + \frac{1}{2}\xi_0^2\right)\right)d\xi.\end{aligned} \tag{92}$$

これの右辺は、

$$\begin{aligned}&\int_{-\infty}^{+\infty}\sum_{n=0}^{\infty}\frac{H_n(\xi)}{n!}\,s^n\exp\left(-\left(\xi^2 - \xi\xi_0 + \frac{1}{2}\xi_0^2\right)\right)\,d\xi \\ &\quad = \sum_{n=0}^{\infty}\frac{s^n}{n!}\int_{-\infty}^{+\infty} H_n(\xi)\,\exp\left(-\left(\xi^2 - \xi\xi_0 + \frac{1}{2}\xi_0^2\right)\right)\,d\xi\end{aligned}$$

となるが、この積分は式 (90) の積分になるので、式 (92) の左辺の積分を計算すれば、式 (90) を求められる。
式 (92) の左辺は、

$$\begin{aligned}&\int_{-\infty}^{+\infty}\exp\left(-s^2 + 2s\xi\right)\exp\left(-\left(\xi^2 - \xi\xi_0 + \frac{1}{2}\xi_0^2\right)\right)\,d\xi \\ &\quad = \int_{-\infty}^{+\infty}\exp\left(-\left(\xi - (s + \frac{1}{2}\xi_0)\right)^2 + s\xi_0 - \frac{1}{4}\xi_0^2\right)\,d\xi\end{aligned}$$

$$= \exp\left(s\xi_0 - \frac{1}{4}\xi_0^2\right)\int_{-\infty}^{+\infty}\exp\left(-\left(\xi-(s+\frac{1}{2}\xi_0)\right)^2\right)d\xi$$
$$= \exp\left(s\xi_0 - \frac{1}{4}\xi_0^2\right)\sqrt{\pi}.$$

上記式の $\exp(s\xi_0)$ を、s のべき級数で表すと、

$$\exp\left(s\xi_0 - \frac{1}{4}\xi_0^2\right)\sqrt{\pi} = \sqrt{\pi}\exp\left(-\frac{1}{4}\xi_0^2\right)\sum_{n=0}^{\infty}\frac{(s\xi_0)^n}{n!}.$$

結局、式 (92) は、

$$\sqrt{\pi}\exp\left(-\frac{1}{4}\xi_0^2\right)\sum_{n=0}^{\infty}\frac{(s\xi_0)^n}{n!}$$
$$= \sum_{n=0}^{\infty}\frac{s^n}{n!}\int_{-\infty}^{+\infty}H_n(\xi)\exp\left(-\left(\xi^2-\xi\xi_0+\frac{1}{2}\xi_0^2\right)\right)d\xi.$$

同じ s^n の項で等しいとおけば、

$$\sqrt{\pi}\xi_0^n\exp\left(-\frac{1}{4}\xi_0^2\right) = \int_{-\infty}^{+\infty}H_n(\xi)\exp\left(-\left(\xi^2-\xi\xi_0+\frac{1}{2}\xi_0^2\right)\right)d\xi.$$

そうすると式 (90) は、

$$\langle n\,|\,\psi(0)\rangle = \frac{N_n}{\pi^{\frac{1}{4}}\alpha^{\frac{1}{2}}}\sqrt{\pi}\,\xi_0^n\exp\left(-\frac{1}{4}\xi_0^2\right)$$
$$= \frac{\alpha^{\frac{1}{2}}}{\pi^{\frac{1}{4}}\sqrt{2^n n!}}\frac{\pi^{\frac{1}{4}}}{\alpha^{\frac{1}{2}}}\,\xi_0^n\exp\left(-\frac{1}{4}\xi_0^2\right) = \frac{\xi_0^n}{\sqrt{2^n n!}}\exp\left(-\frac{1}{4}\xi_0^2\right) \tag{93}$$

となる。当然のことであるが、$|\langle n\,|\,\psi(0)\rangle|^2$ は、全ての n について和を取ると 1 になる。

$$\sum_{n=0}^{\infty}|\langle n\,|\,\psi(0)\rangle|^2 = \sum_{n=0}^{\infty}\frac{\xi_0^{2n}\exp\left(-\frac{1}{2}\xi_0^2\right)}{2^n n!} = \exp\left(-\frac{1}{2}\xi_0^2\right)\sum_{n=0}^{\infty}\frac{1}{n!}\left(\frac{\xi_0^2}{2}\right)^n$$
$$= \exp\left(-\frac{1}{2}\xi_0^2\right)\exp\left(\frac{1}{2}\xi_0^2\right) = 1.$$

それでは、式 (93) の $\langle n\,|\,\psi(0)\rangle$ を使って $\langle\psi\,|\,x\,|\,\psi\rangle$ を計算してみよう。

$$\langle\psi\,|\,x\,|\,\psi\rangle = \sum_l\sum_m\exp\left(i\frac{E_l}{\hbar}t\right)\exp\left(-i\frac{E_m}{\hbar}t\right)\langle\psi(0)\,|\,l\rangle\langle l\,|\,x\,|\,m\rangle\langle m\,|\,\psi(0)\rangle$$
$$= \sum_l\sum_m\exp\left(i\frac{(E_l-E_m)}{\hbar}t\right)\langle\psi(0)\,|\,l\rangle\langle l\,|\,x\,|\,m\rangle\langle m\,|\,\psi(0)\rangle.$$

ある m に対して $\langle l\,|\,x\,|\,m\rangle \neq 0$ となる l は、$l = m\pm 1$ なので、

$$\langle\psi\,|\,x\,|\,\psi\rangle$$
$$= \sum_m\left(\exp\left(i\frac{(E_{m+1}-E_m)}{\hbar}t\right)\langle\psi(0)\,|\,m+1\rangle\langle m+1\,|\,x\,|\,m\rangle\langle m\,|\,\psi(0)\rangle\right.$$
$$\left.+\exp\left(i\frac{(E_{m-1}-E_m)}{\hbar}t\right)\langle\psi(0)\,|\,m-1\rangle\langle m-1\,|\,x\,|\,m\rangle\langle m\,|\,\psi(0)\rangle\right)$$

$$= \sum_m \left(\exp(i\omega t) \langle \psi(0) \,|\, m+1 \rangle \sqrt{\frac{(m+1)\hbar}{2M\omega}} \langle m \,|\, \psi(0) \rangle \right.$$
$$\left. + \exp(-i\omega t) \langle \psi(0) \,|\, m-1 \rangle \sqrt{\frac{m\hbar}{2M\omega}} \langle m \,|\, \psi(0) \rangle \right). \tag{94}$$

式 (94) で、ある m のときの第 2 項は、

$$\exp(-i\omega t) \langle \psi(0) \,|\, m-1 \rangle \sqrt{\frac{m\hbar}{2M\omega}} \langle m \,|\, \psi(0) \rangle$$

であるが、これは、$m-1$ のときの第 1 項

$$\exp(i\omega t) \langle \psi(0) \,|\, m \rangle \sqrt{\frac{m\hbar}{2M\omega}} \langle m-1 \,|\, \psi(0) \rangle$$

の複素共役になっている。しかも、$m=0$ では第 2 項は存在しないので、次のような形にまとめることができる。

$$\langle \psi \,|\, x \,|\, \psi \rangle = \sum_{m=0}^{\infty} \left(\exp(i\omega t) \langle \psi(0) \,|\, m+1 \rangle \sqrt{\frac{(m+1)\hbar}{2M\omega}} \langle m \,|\, \psi(0) \rangle \right.$$
$$\left. + \exp(-i\omega t) \langle \psi(0) \,|\, m \rangle \sqrt{\frac{(m+1)\hbar}{2M\omega}} \langle m+1 \,|\, \psi(0) \rangle \right).$$

今回の $\langle n \,|\, \psi(0) \rangle$ は実数なので、

$$\langle \psi \,|\, x \,|\, \psi \rangle$$
$$= \sum_{m=0}^{\infty} (\exp(i\omega t) + \exp(-i\omega t)) \langle \psi(0) \,|\, m \rangle \sqrt{\frac{(m+1)\hbar}{2M\omega}} \langle m+1 \,|\, \psi(0) \rangle$$
$$= 2\cos(\omega t) \sum_{m=0}^{\infty} \langle \psi(0) \,|\, m \rangle \sqrt{\frac{(m+1)\hbar}{2M\omega}} \langle m+1 \,|\, \psi(0) \rangle. \tag{95}$$

式 (93) の $\langle m \,|\, \psi(0) \rangle$ を入れて和記号の中を計算すると、

$$\langle \psi(0) \,|\, m \rangle \sqrt{\frac{(m+1)\hbar}{2M\omega}} \langle m+1 \,|\, \psi(0) \rangle$$
$$= \frac{\xi_0^m}{\sqrt{2^m m!}} \exp\left(-\frac{1}{4}\xi_0^2\right) \sqrt{\frac{(m+1)\hbar}{2M\omega}} \frac{\xi_0^{m+1}}{\sqrt{2^{m+1}(m+1)!}} \exp\left(-\frac{1}{4}\xi_0^2\right)$$
$$= \exp\left(-\frac{1}{2}\xi_0^2\right) \frac{\xi_0^m}{\sqrt{2^m m!}} \sqrt{\frac{(m+1)\hbar}{2M\omega}} \frac{\xi_0^{m+1}}{\sqrt{2^m m!}\sqrt{2(m+1)}}$$
$$= \exp\left(-\frac{1}{2}\xi_0^2\right) \frac{\xi_0^{2m+1}}{2^m m!} \sqrt{\frac{(m+1)\hbar}{2M\omega}} \frac{1}{\sqrt{2(m+1)}}$$
$$= \exp\left(-\frac{1}{2}\xi_0^2\right) \frac{\xi_0^{2m+1}}{2^m m!} \sqrt{\frac{\hbar}{4M\omega}}$$

したがって式 (95) は、

$$\langle \psi \,|\, x \,|\, \psi \rangle = 2\cos(\omega t) \sum_{m=0}^{\infty} \exp\left(-\frac{1}{2}\xi_0^2\right) \frac{\xi_0^{2m+1}}{2^m m!} \sqrt{\frac{\hbar}{4M\omega}}$$

$$= 2\cos(\omega t)\,\xi_0 \exp\left(-\frac{1}{2}\xi_0^2\right)\sqrt{\frac{\hbar}{4M\omega}}\sum_{m=0}^{\infty}\frac{\xi_0^{2m}}{2^m m!}$$

$$= 2\cos(\omega t)\,\xi_0 \exp\left(-\frac{1}{2}\xi_0^2\right)\sqrt{\frac{\hbar}{4M\omega}}\exp\left(\frac{1}{2}\xi_0^2\right)$$

$$= 2\cos(\omega t)\,\xi_0\sqrt{\frac{\hbar}{4M\omega}} = 2\cos(\omega t)\sqrt{\frac{M\omega}{\hbar}}d\sqrt{\frac{\hbar}{4M\omega}} = d\cos(\omega t)$$

したがって、

$$\langle\psi\,|\,x\,|\,\psi\rangle = d\cos(\omega t)$$

となる。

7.4 古典力学との対応

さて、7.2 章及び 7.3 章の結果を見てみると、それぞれの初期条件 $|\psi(0)\rangle$ は違うものであるが、その期待値は、(一方は近似計算を行っているが) 同じ古典力学の運動を与える。実は、7.2 章及び 7.3 章の初期条件 $|\psi(0)\rangle$ には共通点がある。それは、古典力学での全エネルギーの近傍にあるエネルギー固有ベクトルの成分が大きいということである。

7.2 章の $|\psi(0)\rangle$ である式 (85) は、$|N\rangle$ から $|N+n-1\rangle$ までの固有ベクトルの重ね合わせとしていることから、その設定自体からして古典力学での全エネルギー $(1/2)kd^2$ に対応する N の近くにある固有ベクトルから構成されている。一方、7.3 章の $|\psi(0)\rangle$ も $(1/2)kd^2$ に対応する n の項で展開係数が大きくなっている。それは、次のように求めることができる。

式 (93) を n の関数と考えて、極大となる n を求める。式 (93) に $n!$ が入っているので、スターリングの近似を使う。式 (93) の対数をとると、

$$\begin{aligned}\log\langle n\,|\,\psi(0)\rangle &= \log\left(\frac{\xi_0^n}{\sqrt{2^n n!}}\exp\left(-\frac{1}{4}\xi_0^2\right)\right)\\ &= \log\left(\xi_0^n\exp\left(-\frac{1}{4}\xi_0^2\right)\right) - \log\left(\sqrt{2^n n!}\right)\\ &= n\log\xi_0 - \frac{1}{4}\xi_0^2 - \frac{n}{2}\log 2 - \frac{1}{2}\log(n!)\\ &\approx n\log\xi_0 - \frac{1}{4}\xi_0^2 - \frac{n}{2}\log 2 - \frac{1}{2}\left(n\log n - n\right).\end{aligned} \tag{96}$$

式 (96) を n で微分すると、

$$\frac{d}{dn}\log\langle n\,|\,\psi(0)\rangle = \log\xi_0 - \frac{1}{2}\log 2 - \frac{1}{2}\log n.$$

$(d/dn)\log\langle n\,|\,\psi(0)\rangle = 0$ となる n は、

$$\log n = 2\log\xi_0 - \log 2 = \log\frac{1}{2}\xi_0^2$$

なので、

$$n = \frac{1}{2}\xi_0^2 = \frac{1}{2}(\alpha d)^2 = \frac{1}{2}\frac{M\omega}{\hbar}d^2 = \frac{1}{2}\frac{M\omega^2}{\hbar\omega}d^2 = \frac{1}{2}\frac{k}{\hbar\omega}d^2.$$

したがって、以下の関係が成り立つ。

$$n\hbar\omega = \frac{1}{2}kd^2.$$

つまり、この n は、古典力学での全エネルギー $\frac{1}{2}kd^2$ を与えるものとなっている。

次に、古典力学で運動方程式を解いたときに出てきた積分定数、振幅 d と位相 δ は、量子力学の解ではどこから出てくるのかを見てみよう。まず振幅 d であるが、この d は、全エネルギー E と、$E = (1/2)kd^2$ の関係にある。一方、量子力学での全エネルギーは、$E = N\hbar\omega + (1/2)\hbar\omega$ の関係にある。したがって、d は N と対応している。初期条件として考えた $|\psi(0)\rangle$ は、固有ベクトル $|n\rangle$ で展開したとき、$(1/2)kd^2$ を与える N に対応する固有ベクトルの近傍が成分として大きいものになっている。つまり、$|\psi(0)\rangle$ の重ね合わせの状態が d を決めている。

次に位相 δ であるが、こちらは、これまでの計算では表してこなかった固有ベクトルの位相に関係している。式 (80) と (81) のところで触れたように、β_n には大きさが 1 の複素数が掛けられていてもよい。この大きさ 1 の複素数を $\exp(-i\delta)$ とおいて、

$$\langle n-1 \mid a \mid n\rangle = \exp(-i\delta)\sqrt{n}, \quad \langle n \mid a^\dagger \mid n-1\rangle = \exp(i\delta)\sqrt{n}$$

としてそれ以降の計算をすると、例えば式 (95) は、

$$\begin{aligned}\langle\psi \,|\, x \,|\, \psi\rangle &= \big(\exp(i(\omega t+\delta)) + \exp(-i(\omega t+\delta))\big) \\ &\qquad \times \sum_{m=0}^{\infty} \langle\psi(0) \,|\, m\rangle \sqrt{\frac{(m+1)\hbar}{2M\omega}}\, \langle m+1 \,|\, \psi(0)\rangle \\ &= 2\cos(\omega t+\delta) \sum_{m=0}^{\infty} \langle\psi(0) \,|\, m\rangle \sqrt{\frac{(m+1)\hbar}{2M\omega}}\, \langle m+1 \,|\, \psi(0)\rangle\end{aligned}$$

となる。つまり、固有ベクトルの位相が振動の位相に対応している。

8 重ね合わせの意義

前章では、量子力学の解を使ってマクロな運動の解を求めたが、そこで重要だったのは、$|\psi\rangle$ が重ね合わせの状態であったことである。これまで何度も述べてきたように、重ね合わせの状態が自然な状態だと考えられる。このことから、次のようなことが想像できよう。それは、運動は無限に細分化できない、ということである。重ね合わさっているということは、ある定まったエネルギーを持っているのではなく、いくつかのエネルギー状態が混合しているということである。マクロ的に見れば定まったエネルギー状態にあるように見えても、どんどん細かく見て行くと、いくつものエネルギー状態が混じり合っている。それは、粒子の位置エネルギーが複数あるということであり、あるいは、粒子の運動エネルギーが複数あるということである。つまり、位置や運動量は定まった一定値を取るのではなく、幅を持って存在している。このため、運動を細かく分けて見て行くと、いつかは位置や運動量がはっきりとはしなくなってくる。

この考えは、古代ギリシアの哲学者ゼノンが唱えたパラドックスを思い起こさせる。それは次のようなものである。

「運動するものは、目的点へ達する前にその半分の点に達しなければならないが、その前に更に半分の点に達しなければならない。更にその前の半分の点に達しなければならない。更にその前の半分の点、というふうに次々と半分の点を考えると、半分の点は無限にあるので、運動はできない。」

もう１つ有名なパラドックスは、アキレスと亀のパラドックスである。

「少し先を走っている亀をアキレスが追い抜こうとする。最初に亀がいたところにアキレスが到達すると、亀は少し先に行っている。アキレスが更に亀のいたところまで行くと、亀はさらに先に行っている。このように亀は常にアキレスより先にいるので、アキレスは亀に追い付けない。」

これらのパラドックスは、運動を無限に細かくできるとしているが故に運動ができない、と言っている。しかし現実には運動は起きている。そこでは何が起こっているのだろうか。アキレスと亀のパラドックスを例にとって見てみよう。亀がいた場所までアキレスが到達すると、亀は必ず、先に進んでいる。次に、そこにアキレスが到達すると、またもや亀は先に進んでいる。「到達しては先に進んでいる」が繰り返される限り、アキレスは亀を追い越すことはできない。もし、アキレスが亀のいた場所に到達した時に、亀がアキレスの後ろにいたなら、亀を追い越したことになる。しかし、普通に考えるなら、そんなことは起こらない。亀は必ず先に進んでいるはずだからである。だが、亀のいる場所がぼやっとしていて、亀のいたと思われるあたりにアキレスが到達してみると、実は亀はアキレスの後ろにいた、ということが起これば、アキレスは亀を追い越すことができる。あるいは、亀は動いていると思っていたが、ある時は止まっていた、ということがあれば、アキレスは亀を追い越すことができる。このような形でアキレスは亀を追い越すのである。そして、このようなことが起こるためには、位置や運動量は定まった一定値を持つのではなく、幅を持っていなければならない。すなわち、重ね合わせの状態となっていなければならないのである。

量子力学的古典力学

2017 年 5 月 6 日 初版発行
著　者　嵐田 源二 （あらしだ げんじ）
編　集　G. G. （じー じー）
発行者　星野 香奈 （ほしの かな）
発行所　同人集合 暗黒通信団 (http://ankokudan.org/d/)
〒277-8691 千葉県柏局私書箱 54 号 D 係
本　体　300 円 / ISBN978-4-87310-068-5 C0042